《 文字扫光效果

《 飞机爆炸效果

U0316607

After Effects CS6
中文版应用教程(第二版)

电视画面汇聚效果

蓝屏抠像

《 逐个字母飞入动画

After Effects CS6
中文版应用教程(第二版)

飞龙穿越水幕墙效果

高等院校计算机规划教材·多媒体系列

After Effects CS6
中文版应用教程
（第二版）

张　凡　等编著

设计软件教师协会 审

中国铁道出版社有限公司

CHINA RAILWAY PUBLISHING HOUSE CO., LTD.

内 容 简 介

本书属于实例教程类图书。全书共分 12 章，内容包括：After Effects CS6 概述，素材的合成与管理，动画和关键帧，时间编辑与渲染输出，图层的混合模式、蒙版与遮罩，三维效果，调色效果，文字效果，扭曲和生成效果，模拟仿真效果，键控与跟踪，综合实例。本书将艺术设计理念和计算机制作技术结合在一起，系统全面地介绍了 After Effects CS6 的使用方法和技巧，展示了 After Effects CS6 的无限魅力，通过阅读本书，读者可用较短的时间掌握 After Effects CS6 这一软件。本书配套光盘中提供了大量高清晰度的教学视频文件。

本书适合作为高等院校相关专业的教材，也可作为社会培训班的教材及影视合成爱好者自学的参考书。

图书在版编目（CIP）数据

After Effects CS6 中文版应用教程 / 张凡等编著.
— 2 版. — 北京 ：中国铁道出版社，2015.11（2019.12重印）
高等院校计算机规划教材. 多媒体系列
ISBN 978-7-113-21042-7

Ⅰ. ①A… Ⅱ. ①张… Ⅲ. ①图象处理软件－高等学
校－教材 Ⅳ. ①TP391.41

中国版本图书馆 CIP 数据核字（2015）第 243617 号

书　　名：After Effects CS6 中文版应用教程（第二版）
作　　者：张　凡　等编著

策　　划：秦绪好	读者热线：(010) 63550836

责任编辑：秦绪好
编辑助理：杜　茜
封面设计：付　巍
封面制作：白　雪
责任校对：汤淑梅
责任印制：郭向伟

出版发行：中国铁道出版社有限公司（100054，北京市西城区右安门西街 8 号）
网　　址：http://www.tdpress.com/51eds/
印　　刷：北京铭成印刷有限公司
版　　次：2011 年 6 月第 1 版　　2015 年 11 月第 2 版　　2019 年 12 月第 3 次印刷
开　　本：787mm×1092mm　1/16　印张：23.75　彩插：2　字数：559 千
印　　数：5 001～6 000 册
书　　号：ISBN 978-7-113-21042-7
定　　价：58.00 元（附赠光盘）

高等院校计算机规划教材·多媒体系列

丛书序

随着数码影像技术的飞速发展以及软、硬件设备的迅速普及，计算机影像（平面与动画）技术已逐渐成为大众迫切需要掌握的一项重要技能，数码技术在艺术设计领域中应用的技术门槛也得以真正降低，Photoshop、Illustrator、Flash、3ds Max、Premiere 等一系列软件已成为设计领域中不可或缺的重要工具。

然而，面对市面上琳琅满目的计算机设计类图书，常常令渴望接近计算机设计领域的人们望而却步、无从选择。根据对国内现有的同类教材的调查发现，许多教材虽然都以设计为名，并辅以大量篇幅的实例教学，但所选案例在设计意识与设计品味方面并不够重视。加之各家软件公司不断在全球进行一轮又一轮的新品推介，计算机设计类图书也被迫不断追逐着频繁升级的版本的脚步，在案例的设置与更新方面常常不能顾及设计潮流的变更，因此，不能使读者在学习软件的同时逐步建立起计算机设计的新思维。

这套"高等院校计算机规划教材·多媒体技术系列"教材从读者的角度出发，尽量让读者能够真正学习到完整的软件应用知识和实用、有效的设计思路。无论是整体的结构安排还是章节的讲解顺序，都是以"基础知识—进阶案例—高级案例"为主线进行介绍。"基础知识"部分用简练的语言把错综复杂的知识串联起来，并且强调了软件学习的重点与难点。"案例部分"不但囊括了所有知识点的操作技巧，并且以近年来最新出现的数字艺术风格、最新的软件技巧、媒介形式，以及新的设计概念为依据进行案例的设置，结合平面与动画设计中面临的实际课题。一方面注重培养学生对于技术的敏感性和快速适应能力，使他们能注意到技术变化带来的各种新的可能性，消除技术所形成的障碍；另一方面也使学生能够多方面、多视角地理解与掌握计算机设计的时尚语言，扩展了对传统视觉设计范畴的认识。

整套教材的特点为：

- 三符合：符合本专业教学大纲，符合市场上技术发展潮流，符合各高校新课程设置需要。
- 三结合：相关企业制作经验、教学实践和社会岗位职业标准紧密结合。
- 三联系：理论知识、对应项目流程和就业岗位技能紧密联系。
- 三适应：适应新的教学理念，适应学生现状水平，适应用人标准要求。
- 技术新、任务明、步骤详细、实用性强，专为数字艺术紧缺人才量身定做。
- 基础知识与具体范例操作紧密结合，边讲边练，学习轻松，容易上手。
- 课程内容安排科学合理，辅助教学资源丰富，方便教学，重在原创和创新。
- 理论精练全面、任务明确具体、技能实操可行，即学即用。

本套丛书由设计软件教师协会组织编写。教材定位准确、教学内容新、深度适当。由于在编写形式上完全按照教学规律编写，因此非常适合实际教学。本套教材理论和实践的比例恰当，教材、光盘两者之间互相呼应，相辅相成，为教学和实践提供了极其方便的条件。

本丛书编者均是北京市教委评定的高校精品教材的获奖者。该套教材符合当前高等教育方向，定位准确，很适合计算机应用学科的教学。教材的知识点、难点和重点分配合理，练习贴切。光盘包含多媒体视频教学和电子课件，便于使用该套丛书的师生使用。

丛书编审委员会
2009 年 10 月

第二版前言

近年来，随着图形、图像处理技术的迅速发展，电视、电影等影视制作技术有了长足的进步，同时也带动了影视特效合成技术。After Effects 作为一款优秀的视频后期合成软件，被广泛应用于影视和广告制作。另外，国内传媒行业的快速发展使影视制作从业人员的需求量不断增加。

本书属于实例教程类图书，在第一版的基础上，对所用软件进行了升级，由 After Effects CS4 升级到了 After Effects CS6，同时，光盘中的电子课件也相应进行了调整。

本书属于实例教程类图书，旨在帮助读者用较短的时间掌握该软件的使用方法。全书共分 12 章，内容包括：After Effects CS6 概述，素材的合成与管理，动画和关键帧，时间编辑与渲染输出，图层的混合模式、蒙版与遮罩，三维效果，调色效果，文字效果，扭曲和生成效果，模拟仿真效果，键控与跟踪，综合实例。本书将艺术设计理念和计算机制作技术结合在一起，系统全面地介绍了 After Effects CS6 的使用方法和技巧，展示了 After Effects CS6 的无限魅力，通过阅读本书，读者可用较短的时间掌握 After Effects CS6 这一软件。

本书内容丰富，结构清晰，讲解详尽，实例典型，富有启发性。其中的实例是由多所高校（北京电影学院、北京师范大学、中央美术学院、中国传媒大学、北京工商大学传播与艺术学院、首都师范大学、首都经贸大学、天津美术学院、天津师范大学艺术学院等）具有丰富教学经验的知名教师和一线优秀设计人员从长期教学和实际工作中总结出来的。为了便于读者学习，本书配套光盘中提供了大量高清晰度的教学视频文件。

本书由张凡等编著，由设计软件教师协会审定。参与本书编写的人员还有李岭、郭开鹤、王岸秋、吴昊、芮舒然、左恩媛、尹棣楠、马虹、章建、李欣、封昕涛、周杰、卢惠、马莎、薛昊、谢菁、崔梦男、康清、张智敏、王上、谭奇、程大鹏、宋兆锦、于元青、韩立凡、曲付、李羿丹、田富源、刘翔、何小雨。

本书适合作为高等院校相关专业的教材，也可作为社会培训班的教材及影视合成爱好者自学的参考书。

由于时间仓促，编者水平有限，书中难免存在疏漏与不足之处，恳请广大读者批评指正。

编　者
2015 年 8 月

第一版前言

近年来，随着图形、图像处理技术的迅速发展，电视、电影等影视制作技术有了长足的进步，同时也带动了影视特效合成技术。现在 After Effects 作为一款优秀的视频后期合成软件，被广泛应用于影视和广告制作。另外，国内传媒行业的快速发展使影视制作从业人员的需求量不断增加。

本书由设计软件教师协会 Adobe 分会组织编写。编委会由 Adobe 授权专家委员会专家、各高校多年从事 After Effects 教学的教师以及优秀的一线设计人员组成。本书通过大量的精彩实例将艺术和计算机制作技术结合在一起，全面讲述了 After Effects CS4 的使用方法和技巧。本书配套光盘中含有大量高清晰度的多媒体教学文件。

本书属于实例教程类图书，旨在帮助读者用较短的时间掌握该软件的使用。全书共分12章，内容包括：After Effects CS4 概述，素材的合成与管理，动画和关键帧，时间编辑与渲染输出，图层的混合模式、蒙板与遮罩，三维效果，调色效果，文字效果，扭曲和生成效果，模拟仿真效果，键控与跟踪，综合实例。本书将艺术设计理念和计算机制作技术结合在一起，系统全面地介绍了 After Effects CS4 的使用方法和技巧，展示了 After Effects CS4 的无限魅力，旨在帮助读者用较短的时间掌握这一软件。

本书内容丰富，结构清晰，实例典型，讲解详尽，富有启发性。其中的实例是由多所高校（北京电影学院、北京师范大学、中央美术学院、中国传媒大学、北京工商大学传播与艺术学院、首都师范大学、首都经贸大学、天津美术学院、天津师范大学艺术学院等）有丰富教学经验的优秀教师和一线有丰富实践经验的制作人员从多年教学和实际工作中总结出来的。

参与本书编写的人员有张凡、李岭、于元青、王世旭、李羿丹、郭开鹤。

本书适合作为高等院校、高等职业院校相关专业师生或社会培训班的教材，也可作为平面设计爱好者的自学和参考用书。

编　者
2011 年 4 月

目 录

第1章

After Effects CS6 概述

After Effects CS6 是 Adobe 公司开发的一款高端视频特效系统的专业特效合成软件。本章将介绍 After Effects CS6 的系统要求、界面与面板构成等内容。通过学习本章，读者可对 After Effects CS6 有全面和系统的认识。

1.1 After Effects 概述

After Effects 是一款用于视频合成及特效制作的非线性编辑软件，它借鉴了许多优秀软件的成功之处，将视频特效合成技术上升到了一个新的高度。

层概念的引入，使 After Effects 可以对多层的合成图像进行控制，制作出天衣无缝的视频合成效果；关键帧、路径等概念的引入，使 After Effects 对于控制高级的二维动画游刃有余；高效的视频处理系统，确保了高质量的视频输出；而功能齐备的特技系统更使 After Effects 能够实现用户的独特创意。

After Effects 保留了 Adobe 软件与其他图形图像软件的优秀的兼容性。在 After Effects 中可以非常方便地调入 Photoshop、Illustrator 的层文件；也可以近乎完美地再现 Premiere 的项目文件，还可以调入 Premiere 的 EDL 文件。

1．线性编辑与非线性编辑的区别

线性是指连续存储视频、音频信号的方式，即信息存储的物理位置与接收信息的顺序是完全一致的。线性编辑一般是指多台录放机之间复制视频的过程（可能还包括特效处理机等进行中间处理的过程）。

而非线性的概念是与"数字化"的概念紧密联系的。非线性是指用硬盘、磁带、光盘等存储数字化视频、音频信息的方式。非线性表现出数字化信息存储的特点——信息存储的位置是并列平行的，与接收信息的先后顺序无关。

2．非线性编辑的特点

非线性编辑是对数字视频文件的编辑和处理，与计算机处理其他数据文件一样，在计算机的软件编辑环境中可以随时随地、多次反复地编辑和处理。非线性编辑系统设备小型化，功能集成度高，与其他非线性编辑系统或普通个人计算机易于联网，从而共享资源。

3．常用的非线性编辑软件

能够编辑数字视频数据的软件也称为非线性编辑软件。常用的专业非线性编辑软件有 After Effects、Premiere、Combustion、Flame、Vegas 等。其中，After Effects 和 Premiere 在国内使用较为普遍。After Effects 与 Premiere 相比，前者更擅长于特效制作与视频合成，后者则主要用于视频剪辑与音频合成。

1.2　After Effects CS6 界面与面板

1．界面布局

After Effects CS6 默认的界面布局如图 1-1 所示，其中包括菜单、工具栏和多个工具面板。在界面布局中，"项目"面板、"时间线"面板和"合成"面板这 3 个面板占据了大部分面积，另外还有"信息""预览控制台"和"效果和预置"等面板，可以在制作时随时显示或关闭。

图1-1　After Effects CS6 默认界面布局

After Effects CS6 默认界面布局是一种简洁的布局方式，隐藏了一些功能面板。如果在软件界面右上角的"工作区"右侧下拉列表中选择"全部面板"选项，可以将所有面板显示出来。由于面板众多，很多面板只能显示其标题，如图 1-2 所示。

针对不同的制作目的需要使用不同的功能面板，After Effects CS6 为用户预置了多种不同面板搭配的工作界面布局。例如，在编辑文字的情况下，在"工作区"右侧下拉列表中选择"文字"选项，可以显示出文字编辑的相关面板；在进行运动跟踪操作时，在"工作区"右侧下拉列表中选择"动态跟踪"命令，可以显示运动跟踪的相关面板。

图1-2　显示全部面板的界面布局

如果要将 After Effects CS6 的界面恢复到默认的标准界面布局方式，在软件界面右上角的"工作区"右侧下拉列表中选择"标准"选项即可，如图 1-3 所示。

2．面板

After Effects CS6 的界面中包括多个面板。有些面板是主要操作面板，也就是说没有它们就无法完成任何工作，比如"项目"面板；还有一些面板是辅助设计面板，只有一些专业的操作才会应用到这些面板，比如"跟踪"面板。下面就对这些面板进行一个简单的介绍，以便读者对它们有初步的认识。

1）"项目"面板

"项目"面板是 After Effects 软件中最重要的面板之一，在该面板中包含了整个视频工作中所有要操作的对象（既包括在 After Effects 软件内部创建的对象，也包括采用链接方式从外部置入的媒体素材文件对象）。"项目"面板主要用来放置这些媒体文件，并且对这些项目文件进行管理。实际上在 After Effects 软件中保存的项目文件就是保存的"项目"面板中的内容。该面板默认位于软件界面的左上角，如果该面板未显示出来，可以通过置入一个媒体文件的方式将该面板调出，或者执行菜单栏中的"窗口|项目"命令将该面板调出，如图 1-4 所示。该面板的具体参数含义详见"2.3.1 '项目'面板"。

图1-3　选择"标准"命令　　　　　　　　图1-4　"项目"面板

2）"合成"窗口

"合成"窗口实际上是 After Effects 软件的手动操作区域，所有的效果可视化编辑多是在该窗口中完成的。除了对效果的编辑处理外，相应的效果预览也是在该窗口中进行的。该窗口是软件默认显示的，而且也占用整个软件界面的较大空间。如果该面板被关闭，除了通过调整工作空间的设置外，也可以在"项目"面板中双击一个合成项目或者执行菜单栏中的"窗口|合成"命令将该窗口调出，如图 1-5 所示。该窗口中具体参数含义详见"2.3.2 '合成'窗口"。

图1-5　"合成"窗口

3）"时间线"窗口

"时间线"窗口是编辑视频效果的主要窗口，在这个窗口中可以定义动画关键帧的参数和相应素材的入点、出点和延时。该窗口是软件界面中默认显示的窗口，一般存在于界面的底部。如果该窗口被关闭，可以通过在"项目"面板中双击一个合成项目打开，也可以执行菜单中的"窗口|时间线"命令将窗口调出，如图 1-6 所示。该窗口中的具体参数含义详见"2.3.3 '时间线'窗口"。

图1-6　"时间线"窗口

4）"对齐"面板

"对齐"面板，如图1-7所示。该面板用于对齐和排列素材。执行菜单中的"窗口|对齐"命令，可以控制该面板的显示或隐藏。

5）"音频"面板

"音频"面板，如图1-8所示。该面板用于对立体声的两个声道分别进行增益调整，也可以对两个声道一同进行增益调整。执行菜单栏中的"窗口|音频"命令，可以控制该面板的显示或隐藏。

6）"画笔"面板

"画笔"面板，如图1-9所示。当在工具栏中选择☑（画笔工具）后，就可以在"画笔"面板中进行各种预置笔刷的选择，也可以通过调整各种参数，重新对笔刷进行定义。执行菜单栏中的"窗口|画笔"命令，可以控制该面板的显示或隐藏。

图1-7　"对齐"面板　　　　图1-8　"音频"面板　　　　图1-9　"画笔"面板

7）"文字"面板

"文字"面板，如图1-10所示。在该面板中可以将选中文字的字体、附加字体和颜色属性进行调整。执行菜单栏中的"窗口|文字"命令，可以控制该面板的显示或隐藏。

8）"段落"面板

"段落"面板，如图1-11所示。在该面板中可以对段落的对齐方式和各种缩进尺寸进行调整。执行菜单栏中的"窗口|段落"命令，可以控制该面板的显示或隐藏。

9）"效果和预置"面板

After Effects的主要功能就是制作视频和为已有的视频添加各种效果。在"效果和预置"面板中放置了软件提供的所有效果，并且还提供了大量的包含属性参数的效果预置选项，如图1-12所示。因为软件提供的效果和预置比较多，所以在该面板的顶部还提供了一个搜索栏，通过在搜索栏中输入关键字，可以快速找到要使用的效果或预置选项。执行菜单栏中的"窗口|效果和预置"命令，可以控制该面板的显示或隐藏。

图1-10 "文字"面板　　　　图1-11 "段落"面板　　　　图1-12 "效果和预置"面板

10）"信息"面板

"信息"面板，如图1-13所示。该面板是一个辅助面板，在该面板中会显示当前鼠标所在位置的颜色参数和X、Y轴的精确坐标，并且会显示当前素材的入点、出点和延时。执行菜单栏中的"窗口|信息"命令，可以控制该面板的显示或隐藏。

11）"遮罩插值"面板

"遮罩插值"面板，如图1-14所示。该面板可以对遮罩的属性进行相应的设置。执行菜单中的"窗口|智能遮罩插值"命令，可以控制该面板的显示或隐藏。

图1-13 "信息"面板　　　　图1-14 "遮罩插值"面板

12）"元数据"面板

"元数据"面板，如图 1-15 所示。该面板是一个辅助的设计面板，在该面板中不能对相应的素材进行任何编辑处理操作，只能在选中的素材上添加各种数据信息，这些信息可以随着文件进行保存。执行菜单栏中的"窗口|元数据"命令，可以控制该面板的显示或隐藏。

13）"绘图"面板

"绘图"面板，如图 1-16 所示。当选择了工具栏中的 ✍ （画笔工具）和 ♨ （图章工具）后，除了可以通过笔刷面板对笔刷的尺寸和类型进行调整外，还可以通过该面板对绘画的笔触透明度、辉光和颜色等属性进行调整。执行菜单栏中的"窗口|绘图"命令，可以控制该面板的显示或隐藏。

图1-15　"元数据"面板

图1-16　"绘图"面板

14）"预览控制台"面板

"预览控制台"面板，如图 1-17 所示。该面板中包括一些控制在"合成"窗口中播放视频的控件和一些参数。执行菜单栏中的"窗口|预览控制台"命令，可以控制该面板的显示或隐藏。该面板中的具体参数含义详见"4.3　预览动画效果"。

15）"平滑器"面板

"平滑器"面板，如图 1-18 所示。通过使用运动跟踪功能，可以按照视频动画进行效果的跟踪处理，但是软件自动地运动跟踪会在一定程度上造成运动路径的粗糙，此时可以利用"平滑器"面板对运动路径进行相应的平滑处理。执行菜单栏中的"窗口|平滑器"命令，可以控制该面板的显示或隐藏。

图1-17　"预览控制台"面板

图1-18　"平滑器"面板

16）"工具"面板

"工具"面板，如图 1-19 所示。该面板中列出了软件提供的各种工具和图形对象的属性调整方式，并且在工具栏中还提供了工作区下拉列表，用于调整软件界面的状态。该面板中的具体参数含义详见"2.3.4 工具栏"。

17)"摇摆器"面板

"摇摆器"面板，如图1-20所示。该面板中用于控制软件自动进行参数随机变化的程度。执行菜单栏中的"窗口|摇摆器"命令，可以控制该面板的显示或隐藏。

图1-19　"工具栏"面板　　　　　　　　　图1-20　　"摇摆器"面板

1.3　After Effects CS6 软件的初始化

After Effects软件的初始化设置是根据美国电视制式设置的，在我国大部分地区使用的时候，需要重新进行设置。这里介绍的初始化是针对电视而言的，如果是为网页等其他的视频作品服务，则需要使用其他的初始化设置。

1.项目设置

在每次启动 After Effects CS6时，系统会自动建立一个新项目。同时，会有一个项目窗口建立。也可以执行菜单中的"文件|新建|新建项目"命令，新建一个项目。

在每次工作前，有可能根据工作需要对项目进行一些常规性的设置。执行菜单中的"文件|项目设置"命令，在弹出的对话框中进行设置，如图1-21所示。

(1) 时间码：用于设置时间位置的基准。

(2) 帧：按帧数计算。

(3) 英尺＋帧：用于计算电影胶片每英寸的帧数。

(4) 帧数：表示计时的起始时间。右侧下拉列表中有"从0开始""从1开始"和"时间码转换"3个选项可供选择。

(5) "颜色设置"选项组：用于对项目中所使用的颜色深度进行设置。一般在PC上使用时，8bit/通道的颜色深度就可以满足要求。当有更高的画面要求的时候，可以选择16bit/通道的颜色深度。在16bit/通道的颜色深度项目下，可导入16bit色图像进行高品质的影像处理。这对于处理电影胶片和高清晰度电视影片是十分重要的。当图像在16bit色的项目中导入8bit色图像进行一些特殊处理时，会导致一些细节的损失，系统会在其特效控制对话框中显示警告标志。

2.首选项设置

首选项下有很多类别可对 After Effects 进行自定义设置，这里只列出初始化时需要调整的项目值。

图1-21 "项目设置"对话框

执行菜单中的"编辑|首选项|导入"命令，在弹出的对话框中进行设置，在"导入"类别中，将"序列素材"的导入方式改为25帧／秒，如图1-22所示。

图1-22 "导入"类别设置

提示

我国大部分地区电视标准是PAL-D制，帧速率为25帧/秒。

在"媒体与磁盘缓存"类别中，可以设置磁盘缓存大小以及磁盘缓存文件放置的位置，如

图 1-24 所示。

图1-24　"媒体与磁盘缓存"类别设置

课 后 练 习

（1）简述线性编辑与非线性编辑的区别。

（2）简述对 After Effects CS6 软件进行初始化的方法。

第2章

素材的合成与管理

在 After Effects CS6 中，素材的合成与管理是十分重要的工作，其中包括调用素材、图层的基本操作和将制作好的文件进行打包等环节。通过学习本章，读者应掌握对素材进行合成和管理的方法。

2.1 导入素材

在导入素材的过程中，要特别注意一些事项。导入的素材的形式需根据素材的类型而变化。

2.1.1 导入一般素材

导入一般素材是指 .jpg、.tga 和 .mov 文件，导入这类素材的方法如下。

（1）执行菜单中的"文件|新建|新建项目"命令，新建一个项目。然后可以使用以下 3 种方式导入素材：

- 执行菜单中的"文件 | 导入 | 文件"命令来导入素材文件。
- 在项目窗口中双击，在弹出的窗口中选择需要导入的文件。
- 将需要的素材直接拖到项目窗口中。

用以上任意方式导入配套光盘中的"素材及结果|风景 .jpg"和"风景 .tga"文件，这是同一素材的两种格式文件。在导入"风景 .tga"文件时会出现一个"解释素材"对话框，如图 2-1 所示。这是因为此时"风景 .tga"文件含有 Alpha 通道信息，需要在这里设置导入选项。具体参数含义可参见第 2.1.4 节。单击"确定"按钮，此时"项目"窗口如图 2-2 所示。

图2-1　设置参数

图2-2　"项目"窗口

（2）导入素材后便需要一个对素材进行加工的地方，也就是合成窗口。在项目窗口中右击，在弹出的快捷菜单中选择"新建合成组"命令，弹出"图像合成设置"对话框，如图2-3所示。

图2-3　设置合成图像参数

（3）在"合成组名称"文本框中可以为这个合成图像命名，在"预置"下拉列表中可以选择合成的分辨率和制式，也可以选择"预置"下拉列表的"自定义"，由用户自己来决定。需要注意的就是"帧速率"，帧速率即1s播放图片的数量。下端的"持续时间"用来设定合成动画的长度。设置完成后，单击"确定"按钮。

（4）将两个文件分别从项目窗口中拖入时间线窗口，此时时间线窗口如图2-4所示，会出现两个"层"。这里层的概念与Photoshop中的层是一样的，可以将层想象成一个可以无限扩展的平面，位于上面的层会对下面的层产生遮盖。

图2-4　时间线分布

（5）新建固态层。具体操作方法：在时间线窗口的空白处右击，在弹出的快捷菜单中选择"新建｜固态层"命令，如图2-5所示。

（6）在出现的如图2-6所示的"固态层设置"对话框中，可以在"名称"文本框中设置新建层的名字；在"大小"选项组中设置新建层的大小，也可以单击 制作为合成大小 按钮自动建立同合成图像同样大小的固态层；在"颜色"中通过单击颜色块来设置新建层的颜色，设置完成后单击"确定"按钮。此时，在时间线窗口中位于上面的层会遮盖下面的层，重新排列3个层在时间线窗口中的顺序，如图2-7所示。

图2-5　选择"固态层"命令

图2-6 "固态层设置"对话框

图2-7 调整图层顺序

2.1.2 导入 Photoshop 文件

After Effects CS6 能正确识别 Photoshop 中的层信息，可以大大简化在 After Effects CS6 中的操作。导入 Photoshop 文件的方法如下。

（1）在 Photoshop 中建立一个包含 4 个图层的 640×480 像素的文档，存为"打斗 .psd"，如图 2-8 所示。

图2-8 "打斗 .psd"图像文件

（2）启动 After Effects CS6，在项目窗口中双击，在出现的导入素材窗口中找到刚才保存的"打斗 .psd"文件，单击"打开"按钮，此时在弹出的对话框中单击"导入类型"右侧的下拉按钮，会显示出 3 种导入形式，如图 2-9 所示。

● 选择"素材"选项导入时，此时可以选择需要的层进行导入，如图 2-10 所示。也可以单击"合并图层"选项，将 Photoshop 的层合并为一个层导入。

图2-9　3种导入形式

图2-10　选择需要导入的层

- 选择"合成"选项导入时，将对图层进行裁剪后新建合成图像。
- 选择"合成－保持图层大小"选项导入时，项目窗口如图2-11所示。此时单击项目窗口中文件夹图标前的三角按钮，会显示该文件所包含的所有层信息，如图2-12所示。双击素材"打斗"，即可显示该合成图像的时间线分布情况，如图2-13所示。此时如果在Photoshop中使用了叠加模式这里也可以正常显示。

图2-11　以"合成"方式导入

图2-12　展开文件夹

图2-13　合成图像时间线分布

2.1.3　文件像素比

世界上各地的视频标准并未由一家机构制定，因此存在不同的制式，这就造成了不同的分辨率和像素比，如果像素比设置不当，会造成画面的变形。After Effects CS6可以对所导入的图片进行像素比的修改设置。

一些图像处理软件所制作的图像像素比通常为1：1，即方形像素。而NTSC　DV制式的纵横像素比为1：0.9，PAL　D1/DV制式的纵横像素比为1：1.09，PAL　D1/DV　Widescreen制式的纵横像素比则为1：1.46。

在 After Effects CS6 中修改像素比的方法：在"项目"面板中选择要修改像素比的素材，然后执行菜单中的"文件|解释素材|主要"命令，在弹出的图2-14所示的"解释素材"对话框的"其他选项"选项组中对"像素纵横比"进行重新设置，设置完成后，单击"确定"按钮即可。

2.1.4 文件透明信息

After Effects CS6 在导入带有 Alpha 通道的素材时，会弹出图2-14所示的"解释素材"对话框，其中有3个类型的 Alpha 选择项。

图2-14 "解释素材"对话框

- 忽略：选择该项，则导入的图像会带有不透明的黑背景。
- 直通－无蒙版：选择该项，则会直接以图像中的 Alpha 通道为准，图像不存在蒙版信息。
- 预乘－无蒙版：选择该项，则会按照该选项右侧定义的颜色，将 Alpha 通道只作为一个颜色蒙版，并置入到素材中。

在大多数情况下，单击"自动预测"按钮，After Effects会自动判断和选择合适的 Alpha 选项。

2.2 新建合成设置

在项目中制作影片，首先要建立一个合成图像。在建立合成图像时，应该以最终输出的影片标准来进行设置。创建和设置合成图像的方法如下：

执行菜单中的"图像合成|新建合成组"命令（快捷键【Ctrl+N】），或者单击"项目"窗口下方的 （新建合成）按钮，弹出"图像合成设置"对话框，如图2-15所示。

合成组名称：合成图像名称。如果需要跨平台操作，应保证文件名兼容 Windows 和 Mac OS。

1．"基本"选项卡

（1）预置：可以在下拉列表中选择预制的影片设置。Adobe 提供了 NTSC、PAL 制式标准电视规格、HDTV（高清晰度电视）、胶片等常用的影片格式。也可以选择"自定义"。

（2）宽／高：帧尺寸，用于设置合成图像的大小。After Effects 以素材的原尺寸将其导入系统。因此，合成图像窗口分为显示区域和操作区域。显示区域即合成图像的大小，系统只播放显示区域内的影片。可以通过操作区域对素材进行缩放、移动、旋转等操作。After Effects 支持从（4×4）～（30000×30000）像素的帧尺寸。可以通过在数值框中输入帧尺寸设置显示区域的大小，选中数值框右方的"纵横比以16：9（1.78）锁定"，可以按比例锁定帧尺寸的宽高比。锁定比例为上一次设置的宽高比。

图2-15　"图像合成设置"对话框

（3）像素纵横比：用于设置合成图像的像素宽高比。可以在其右边的下拉列表中选择预制的像素比。

（4）帧速率：用于设置合成图像的帧速率。

（5）分辨率：分辨率设置。分辨率是以像素为单位决定图像的大小，它影响合成图像的渲染质量，分辨率越高，合成图像渲染质量越好。在合成图像设置对话框中共有4种分辨率设置，分别如下。

● 全分辨率：渲染合成图像中的每一个像素，质量最好，渲染时间最长。

● 1/2：渲染合成图像中1/4的像素，时间约为全屏的1/4。

● 1/3：渲染合成图像中1/9的像素，时间约为全屏的1/9。

● 1/4：渲染合成图像中1/16的像素，时间约为全屏的1/16。

图 2-16 所示为不同分辨率下的渲染效果。

全分辨率

1/2

1/3

1/4

图2-16　不同分辨率下的效果

另外，还可以选择"自定义"，在"自定义分辨率"对话框中设置分辨率。

（6）开始时间码：在该项下可以设置合成图像的开始时间码。默认情况下，合成图像从0 s开始，可以键入一个时间。例如，键入 0：00：04：00，则合成图像的起始时间为 4 s。

（7）持续时间：在该项中输入合成图像的持续时间长度。

2."高级"选项卡

单击"高级"标签，切换到"高级"选项卡进行参数设置，如图 2-17 所示。

图2-17 "高级"选项卡

（1）定位点：当需要修改合成图像尺寸时，中心点的位置决定如何显示合成图像中的影片。

（2）渲染插件：该选项决定 After Effects CS6 在渲染时所使用的渲染引擎。

（3）在嵌套或在渲染队列中时保持帧速率：选择该复选框，则当前合成图像嵌套到另一个合成图像中后，仍然使用原来的帧速率。不选择该复选框，则当前合成图像嵌套到另一个合成图像中后，使用新合成图像的帧速率。

（4）在嵌套时保持分辨率：选择该复选框，则当前合成图像嵌套到另一个合成图像后，使用新合成图像的帧分辨率。

（5）快门角度：它决定打开运动模糊效果后模糊量的强度。

（6）快门相位：它决定运动模糊的方向。

可以将自定义的合成图像设置存储起来，以备重复使用。具体操作方法：设置完成后，在"基本"选项卡中单击 按钮，在弹出的对话框中输入设置名称，如图 2-18 所示，单击"确定"按钮即可。以后可以在"预置"中找到存储的自定义设置。单击 按钮，删除选定的合成图像设置。单击"确定"按钮，退出对话框，此时在项目窗口中出现一个新的合成图像，同时打开该合成图像窗口和与其相对应的"时间线"窗口。

图2-18 输入名称

在建立合成图像后，可以对其重新进行修改设置。具体操作方法：执行菜单中的"图像合成|图像合成设置"命令，在弹出的"图像合成设置"对话框中进行修改。

2.3 主要窗口和面板

本节将主要讲解 After Effects CS6 中 4 个主要窗口和面板。

2.3.1 "项目"面板

"项目"面板的功能是用于打开电影、静态、音频、固态层、项目文件等，如图 2-19 所示。可以把它看成在制作过程中所需基本元素的集中地。从"项目"面板中把需要的素材拖动到"时间线"窗口或者"合成"窗口上，即可。在"项目"面板中，可以查看到有关被打开文件的一般属性，只需要了解各种选项的作用即可。

图2-19　"项目"面板

（1）显示当前"合成"设置值的有关信息。这里可以查看工作区域的大小、时间以及每秒播放的帧数等信息。

（2）查找：当"项目"面板中有很多文件时，就会出现查找困难的情况。这时，在其中键入要查找的文件名，就可以轻松地找到所需文件。

（3）这里显示的是选择文件的排列方式或者打开文件的位置等。单击相应按钮，可以重新排列"项目"面板中的文件。排列顺序可以按照名称、类型或者大小等方式。

（4）解释素材：选择"项目"面板中的相关素材，然后单击该按钮，可以在弹出的图 2-20 所示的对话框中重新对其进行设置。

（5）新建文件夹：当需要把"项目"面板中的图像或者视频分离、集中，或者文件过多，需要整理空间的时候，单击 ▇ 按钮，就会在"项目"面板上生成新的文件夹，键入文件夹的名称，然后拖动文件，就可以将其移动到新文件夹里。

（6）新建合成：单击 ▇ 按钮后会弹出如图 2-21 所示的"图像合成设置"对话框，此时可对合成图像的时间和帧数重新进行设定。

（7）这里显示的是当前正按照多少 bit（比特）的 Channel（通道）进行工作。After

Effects CS6 可以使用 8bit 和 16bit 进行工作。

图2-20 "解释素材"对话框

图2-21 "图像合成设置"对话框

（8）垃圾桶：用于删除"项目"面板中的文件。选定要删除的文件，然后单击 按钮即可删除该文件。

2.3.2 "合成"窗口

"合成"窗口，如图 2-22 所示。它可以直接观察对图像进行编辑后的结果，且可以对图像显示大小、模式、完全框显示、当前时间、当前视窗等选项进行设置。

图2-22 "合成"窗口

（1）显示当前的工作进行状态，包括效果、运动等所有内容。

（2）放大比率弹出，显示在"合成"窗口中看到的图像的大小。单击这个按钮以后，会显示出可以设置的数值，如图 2-23 所示。选择需要的数值即可。

（3）选择参考线与参考线选项，即字幕／活动安全框，如图 2-24 所示。这里显示的是文字和图片不会超出范围的最大尺寸，这个内容非常重要。如果制作的内容将要用于播放，尺寸就应该是 720×486 像素。这时，在制作过程中，要经常使用它，以防止超出线框界限。在这里，线框由两部分构成。内线框是"字幕安全框"，也就是在画面上输入文字的时候不能超出这部分。如果超出了这个部分，那么从电视上观看的时候，会出现部分残缺。外线框是"活动安全框"，运动的对象或者图像等所有内容都必须显示在该线条的内部。如果超出了这部分，就不会显示在电视画面上。当然，如果是用于因特网或者 DVD、CD-ROM 等，就不会出现这种情况。因为视频可以在 After Effects CS6 中直接制作成电影，而不会被裁剪掉，所以，要根据制作成何种媒体来确定是否使用内线框。

图2-23　显示比例　　　　　　　　　　图2-24　显示表示完全框的线条

（4）开关显示遮罩，该按钮用于显示蒙版。在使用 ♦ 钢笔工具、▢ 矩形蒙版或者 ⬭ 椭圆形蒙版工具制作蒙版的时候，使用这个按钮可以确定是否在"合成"窗口上显示蒙版。

（5）当前时间，显示当前时间标签所在位置的时间。移动时间标签，也就是改变时间的时候，这个部分也会随之变化。单击这个按钮，会弹出一个对话框，如图 2-25 所示。输入所需部分的时间段，时间标签就会移动到输入的时间段上。这样，"合成"窗口上就会显示出移动到的时间段的画面。

（6）获取快照。它的意思是把当前正在制作的画面，也就是"合成"窗口的图像画面拍摄成照片。单击 ◙（快照）后，会发出拍摄照片的提示音，拍摄的静态画面可以保存在内存中，以便以后使用。在进行这个操作的时候，也可以使用快捷键【Shift+F5】。如果保存几张快照后想要使用，只需依顺序按快捷键【Shift+F5】、【Shift+F6】、【Shift+F7】、【Shift+F8】即可。

（7）显示快照。只有在保存"快照"的时候，这个按钮才可以使用。它显示的是保存为"快照"的最后一个文件。依顺序按快捷键【Shift+F5】、【Shift+F6】、【Shift+F7】、【Shift+F8】，保存几张快照后，只要依顺序按快捷键【F5】、【F6】、【F7】、【F8】，就可以按照保存顺

序查看了。因为快照要占据计算机的内存，所以在不使用的时候，最好把它删除。删除的方法是执行菜单中的"编辑|清空|快照"命令。

（8）显示通道及色彩管理设置，这里显示的是有关通道的内容。通道是 RGBA 按照 Red、Green、Blue 和 Alpha 的顺序依次显示。这里主要说明一下 Alpha 通道。它的特点是不具有颜色信息，而只有与选区相关的信息。Alpha 通道的基本背景是黑色，而白色的部分则表示选区，灰色表示渐隐渐现的选区。

通常，在 Photoshop 中保存文件的时候，将其保存为具有 Alpha 通道的 TGA 格式，以便在 After Effects 中使用。

（9）分辨率，这部分显示的是"合成"窗口的分辨率，它包括 5 个选项，如图 2-26 所示。选择分辨率的时候，最好根据工作效率来决定，这样会对制作过程中的快速预览有很大帮助。图 2-27 为不同分辨率的效果比较。

图2-25 "跳转时间"对话框

图2-26 分辨率选项

全分辨率

1/2

1/3

1/4

图2-27 不同分辨率的效果

（10）当需要在"合成"窗口中只查看制作内容的某一个部分时，可以使用这个按钮。另外，在计算机配置较低，预览时间过长时，使用这个按钮，也可以达到不错的效果。其使用方法是单击这个按钮，然后在"合成"窗口中拖动，制作出区域就可以了，如图 2-28 所示。制作好区域以后，就可以只对设定区域的部分进行预览。如果再次单击按钮，又会恢复到原来的整体区域。

图2-28　部分显示图像

（11）透明栅格开关：其功能与 Photoshop 中的透明度相同，可以将"合成"窗口的背景从黑色转换为透明。

（12）当"时间线"窗口中只存在 3D 层的时候，才可以使用该按钮。当层全部都是 2D 层的时候，则不能使用。

（13）选定视图方案：用于控制显示视图的数量。单击该按钮将弹出如图 2-29 所示的下拉菜单。图 2-30 为选择"4 视图"的显示效果。

图2-29　下拉菜单　　　　　　　　　　图2-30　选择"4视图"的显示效果

（14）像素纵横比校正开关：这个按钮可以改变纵横的比例。但是，激活这个按钮，不会对层、合成窗口、素材产生影响。如果在操作图像的时候使用，即使把最终结果制作成电影，也不会产生任何影响。第一次单击这个按钮后，会弹出如图 2-31 所示的对话框。如果目的是预览，为了获得最佳的图像质量，最好将窗口关闭。

（15）快速预览：单击该按钮有 4 种选项可供选择，如图 2-32 所示。

（16）时间线：用于显示时间线窗口。

图2-31　提示对话框　　　　　　　　　　　　图2-32　"快速预览"选项

（17）合成流程图：这个功能用于显示"流程图"窗口，如图 2-33 所示。

图2-33　"流程图"窗口

（18）重置曝光：用于控制曝光度。图 2-34 为不同曝光度的效果对比。

曝光度为+0.0　　　　　　　　　　　　　　　　曝光度为+3.0

图2-34　不同曝光度的效果对比

2.3.3　"时间线"窗口

"时间线"窗口是对文件进行时间、动画、效果、尺寸、遮罩等属性编辑和对文件进行合成的窗口，如图 2-35 所示。它是 After Effects CS6 进行效果编辑合成文件最重要的窗口之一。

图2-35　"时间线"窗口

（1）显示栏：可以对影片进行隐藏、锁定等操作，如图 2-36 所示。它包括 4 个按钮：

图2-36　显示栏

👁 视频按钮：用于打开或关闭图层在合成窗口的显示。

🔊 音频按钮：用于打开或关闭声音素材的层。对于设定了运动的层，可以用来在速度曲线上添加控制点。

● 独奏按钮：在进行多个层的合成时，单击某个层前的该按钮，就可以在合成窗口中只显示该层。

🔒 锁定按钮：打开之后就无法选择该层，可以避免对设置好的层进行误操作。

（2）文件效果属性编辑栏：它用于控制该层的各种显示和性能特征。它包括 4 个按钮：

🏷 标签按钮：它可以改变层的颜色。单击这个按钮后，会显示出能够改变层标签颜色的 7 种颜色。用户只要从中选择自己需要的颜色即可。

编号按钮：这里显示的是层的标号。它会依次显示出从上到下使用的层编号。

源名称 源名称按钮：单击该按钮后，就会变成 图层名称 。无论是素材名称还是层名称，其实并没有什么不同，不过，素材名称不能更改，而层名称则可以更改。在 图层名称 状态，只要按键盘上的【Enter】键就可以改变层的名称。

▶ 三角按钮：单击该按钮，就可以查看层上应用的效果或者属性。

（3）"切换开关／模式"编辑栏：单击"切换开关／模式"按钮可以在"切换开关"和"模式"两种模式之间进行切换。图 2-37 所示为两种模式一起以相同的位置显示的效果。

"模式"模式

"切换开关"模式

图2-37　"切换开关/模式"编辑栏

"模式"中的模式与 Photoshop 中的模式基本相同，并且又添加了更多的模式，如图 2-38 所示。利用 After Effects CS6 中的层模式可以制作出各种各样的效果。关于这些层模式的具体讲解请参见"5.1 图层的混合模式"。

图2-38 层模式

"切换开关"模式包括 8 个按钮：

隐藏时间层内图层按钮：单击该按钮后，将切换为 按钮，此时激活效果栏中的 按钮，该层将在"时间线"窗口中隐藏，用以节省"时间线"窗口的空间，如图 2-39 所示。

退缩前

退缩后

图2-39 退缩前后效果比较

※塌陷转换按钮：主要应用于嵌套的图层和从 Illustrator 中引入的矢量图像。

﹨品质按钮：用于使图像更加平滑。除非做特殊效果，通常在渲染时都需要将该按钮打开。

㡯效果按钮：利用该按钮，可以打开或关闭应用于层的特效。该开关按钮只对应用了特效的层有效。

▥帧混合按钮：利用该按钮，可以使素材层应用帧混合技术。当素材的帧速率低于合成的帧速率时，After Effects 通过重复显示上一帧来填充缺少的帧，这时运动图像可能会出现抖动，通过帧混合技术，After Effects 在帧之间插入新帧来平滑运动。

◎动态模糊按钮：利用运动模糊技术，可以模拟真实的运动效果。

◉调整图层按钮：可以在合成图像中建立一个调整图层来为其他层应用特效。通过调整图层按钮，可以关闭或开启调整图层。在调整图层上关闭调整图层按钮，该调整图层会显示为一白色固态层。可以利用调整图层将一个素材层转换为调整图层。打开素材层的调整图层按钮后，该素材将不在合成窗口中显示原有内容，而会被当作一个调节层影响其下素材层。

⬡3D 图层按钮：打开该按钮，系统将当前层转换为 3D 层。可以在三维空间中对其进行操作。

（4）时间线编辑栏：用于对时间线进行具体编辑。

（5）效果栏：时间线窗口上方的效果栏包括 9 个按钮，与"切换"模式中的按钮功能基本相同，如图 2-40 所示。但这里的按钮控制整个合成的效果，如打开一个层的◎动态模糊开关后，必须将开关按钮中的运动模糊打开才能应用运动模糊效果。

9 个按钮的功能如下：

图2-40　效果栏

▸◂合成微型流程图按钮：单击该按钮，可以打开微型流程图。

▦实时更新按钮：打开该按钮，当在"时间线"窗口中拖动时间指示器浏览影片内容时，系统实时更新影片内容，进行交互预览。关闭该按钮，拖动时间指示器时，系统不进行更新。只有当停止拖动后，系统才显示当前帧内容。实时更新按钮也影响到在移动层位置时交互显示层的内容，是否在移动时只显示层边框。

⬟草稿 3D 按钮：打开该按钮，系统将在 3D 草图模式下工作。此时将忽略所有的灯光照明、阴影、摄像机深度及场模糊等效果。该按钮仅对 3D 层有效。

▦设置躲避（shy）开关隐藏所有图层按钮：打开该按钮，将隐藏开关面板中标记为隐藏的层。

▦通过帧混合开关设置启用所有图层的帧混合按钮：打开层在开关面板中的帧混合后，激活它使帧混合开启。

◎通过动态模糊开关设置激活所有图层的动态模糊按钮：打开层在开关面板中的帧混合后，激活它使运动模糊开启。

◎变化按钮：选择一个带数值的属性（如"位置"），然后单击该按钮将弹出"变化"对话框，如图 2-41 所示。

◉对属性更改时自动添加关键帧：激活该按钮，可以在对相应属性进行更改时自动添加关键帧。

▱图形编辑器按钮：单击该按钮，在时间线右侧将显示出相应关键帧的分布曲线，如图 2-42 所示。利用它可以同时显示多条曲线，从而节省屏幕空间。

图2-41 "变化"对话框

图2-42 关键帧分布曲线

（6）父级编辑栏：在 After Effects CS6 中使用的"父级"，可以理解为"根源"的意思。为了更容易理解，也可以把它理解成是"父母"。其实它的作用就是制作一个连接"父母"和"孩子"的环节。根源层，也就是"父母"，与它连接的就相当于"孩子"。这时候，如果移动"父母"，那么"孩子"也会移动。不过，如果"孩子"发生变化，"父母"却不随着变化。"父级"的作用实际上就是把层和层相互连接，使它们可以同步运动。图 2-43 为图片连接到"空白对象"物体后，随"空白对象"物体一起旋转和移动的效果。如果想取消"父级"的设置，可以选定"父级"层，然后在"父级"编辑栏中选择"无"命令，这样就可以取消设置。

图2-43　连接效果

2.3.4　工具栏

工具栏中包括了常用的一些工具，如图 2-44 所示。这些工具与 Photoshop 中使用的工具箱有些类似。

图2-44　工具栏

（1）基本操作区：用于对图像的选取、旋转、放大等操作。它包括 6 个按钮，分别说明如下。

　　 选择工具：选择工具是在使用 After Effects 时用于基本选择操作的工具，它承担了在"合成图像"窗口中对层的选择，以及在"时间线"窗口中对层的选择等所有同类功能。它的快捷键是【V】。

　　 手形工具：利用该工具可以在"合成图像"窗口中放大图像以后移动画面，也可以进行预览。在制作过程中，如果需要使用快捷键，只要按【H】键即可。

　　 缩放工具：缩放工具具有放大和缩小两种功能。第一次选择的时候，"合成图像"窗口出现的就是放大工具，放大镜的中央会显示"+"形状，单击后就会放大。放大的时候，放大的比例每次都是 100%。选定缩放工具以后，如果按快捷键【Alt】，放大镜的中央就会变成"－"形状，这时再单击，图像就会缩小。它的快捷键是【Z】。

旋转工具：选定了旋转工具以后，在工具栏中会出现两个选项，即"方向"和"旋转"选项，如图 2-45 所示。这两个选项表示，当层为 3D 层的时候，可以选择某种方式进行旋转。它的快捷键是【C】。

图2-45　"方向"和"旋转"选项

合并摄像机工具：它只有在存在 3D 层的"时间线"中安装摄像机的时候才会被激活。如果是 2D 层，则无法使用这个工具。单击 合并摄像机工具以后，会显示出 4 种选项，如图 2-46 所示。

定位点工具：用于移动中心点的位置。移动中心点就是确定按照哪个轴进行移动。移动中心轴以后，层会以移动的中心轴为中心进行旋转。它的快捷键是【Y】。

（2）绘图操作区：用于绘制、复制、擦除图形和文字等操作。它包括 8 个按钮，分别说明如下。

矩形遮罩工具：它包括 5 种已有的蒙版形状，如图 2-47 所示。

图2-46　轨道摄像机工具扩展选项　　　　图2-47　矩形遮罩工具扩展选项

钢笔工具：利用它可以绘制出任意形状的蒙版。

横排文字工具：它的功能与 Photoshop 中的文字工具基本一致。它的使用方法就是选择文字工具，然后在合成窗口中单击输入文字。文字的键入方式有 T（横排文字工具）和 IT（竖排文字工具）两种，如图 2-48 所示。

图2-48　横排文字工具扩展选项

画笔工具：它是通过毛笔在层上绘制出需要的图像。画笔工具自身不能够使用，必须和"绘图""画笔"面板一起使用。

在"绘图"面板中可以设置画笔的透明度、颜色、大小等，如图 2-49 所示。这些设置并不只在使用画笔工具的时候用到，使用图章工具和橡皮擦工具的时候也会用到。

"画笔"面板是在选择画笔或者制作新画笔时使用的。制作新画笔的时候，单击"画笔"面板右上角的 按钮，就会显示出相关选项，如图 2-50 所示。

图章工具：这里的图章工具与 Photoshop 中的图章工具功能一样，可以原样制作出旁边的图像。图章工具可以把相同的内容复制几次，在其他位置上持续生成相同的内容。应用图章工具的时候，不能在"合成图像"窗口中直接应用。它可以在图层合成中使用。在"时间线"窗口中选中要应用橡皮图章的层，双击后会显示出图层合成，如图 2-51 所示。在图层合成中选择图章工具，然后按键盘上的【Alt】键，在要复制相同图像的位置上单击，下次只要移动到需要的位置上，用鼠标绘制即可。复制后的效果如图 2-52 所示。

图2-49　设置画笔属性

图2-50　显示出相关选项

图2-51　双击合成图像

图2-52　复制后的效果

橡皮擦工具：对图像某个部分进行删除时使用的工具。它和画笔一样可以调节笔触的大小，扩大或者缩小区域。其快捷键是【Ctrl+B】。

Roto 刷工具：用于将动态视频中的要选取的相关素材从背景中抠除出来。

自由位置定位工具：单击该按钮，可添加任意的定位点。

（3）坐标模式区：该区只有在使用 3D 图层时才起作用，它包括（本地轴方式）、（世界轴方式）和（查看轴模式）3 种坐标模式。

2.4 打 包

"收集文件"命令是把计算机里使用的文件，也就是在 After Effects CS6 中进行制作而使用在各处的文件收集到一个文件夹中。应用这个命令以后，就不必再担心找不到数据。因为已经把所有的文件都复制到一个文件夹中。

对于初学者来说，文件管理不当，在项目中因文件丢失而出现彩条的情况时有发生。特别是将数据转移到其他计算机上的时候，就更会经常出现这种问题。因此，希望大家在完成制作以后，使用这个命令将文件集中到一个文件夹，然后再转移数据。

具体操作步骤如下：

（1）首先执行菜单中的"文件｜存储"命令，将文件进行保存。

（2）执行菜单中的"文件｜收集文件"命令，在弹出的如图2-53所示的对话框中单击"收集"按钮。然后在弹出的如图2-54所示的对话框中输入"飞龙穿越水幕"名称，单击"保存"按钮。

图2-53 "收集文件"对话框   图2-54 设置保存名称和路径

（3）打开刚才保存的"飞龙穿越水幕"文件夹，可以看到如图2-55所示的窗口。它由3个文件组成：Footage 文件夹中放置了所用的所有素材；"飞龙穿越水幕 .aep"为 After Effects CS6 生成的项目文件；"飞龙穿越水幕 Report.txt"文件中记录所有的操作信息。

图2-55 打包后的文件

课 后 练 习

（1）简述导入素材的方法。

（2）简述"时间线"窗口的主要参数的含义。

（3）简述收集文件的方法。

第3章
动画和关键帧

After Effects最重要的功能就是制作视频动画，该软件可以为一些静态的图形对象添加绚丽的动画效果，也可以在一些视频片段中添加动态的视频效果。为一些静态的图形赋予相应的动画效果比较简单，只要在不同的时间点上添加相应属性的关键帧即可为相应的图形对象添加动画效果。但在视频片段中添加动态的视频效果，除了要对相应的效果进行渲染外，还要对相应的视频片段进行配合。本章将介绍一些简单动画的制作方式，并对关键帧的使用进行相应介绍。通过学习本章，读者应掌握利用关键帧制作动画，并对动画的速率进行相应调整的方法。

3.1　使用基本属性制作动画

在After Effects CS6中每一个图层都包含"位置""缩放""旋转""透明度"和"定位点"5个基本属性。下面就来讲解利用这5个基本属性制作动画的简单方法。

3.1.1　位置动画

所谓位置动画就是让图层对象按照相应的轨迹进行移动，当要对图层对象进行位置动画的制作时，要使用到该图层的"位置"属性。制作位置动画的具体操作方法如下。

（1）在"项目"面板中选中相应的素材对象，然后拖入时间线。再调整该图层对象的尺寸与合成窗口的尺寸相匹配。

（2）在时间线中展开该对象的"变换"属性，此时可以看到"位置"属性，如图3-1所示。

（3）利用工具栏中的 ![选择工具] （选择工具）选中该图层对象，并将其拖动到如图3-2所示的位置。

图3-1　"位置"属性

图3-2　移动图层对象的位置

（4）将时间线滑块定位在第 0 秒，单击"位置"属性前的 按钮，记录下关键帧，此时记录下的关键帧显示为 状态，"位置"属性前的按钮会变为 状态，如图 3-3 所示。

图3-3　在第0秒记录下关键帧

（5）将时间线滑块移动到第 3 秒，然后将该图层对象拖曳到图 3-4 所示的位置，此时在时间线的"位置"属性上也会添加一个关键帧，如图 3-5 所示。

（6）在"预览控制台"面板中单击 （播放）按钮，即可看到相应的位置动画。

图3-4　在第3秒拖曳图层对象的位置　　　　图3-5　时间线的关键帧分布

提示

上面通过拖曳的方法制作位置动画并不是很精确，如果要制作精确的位置动画，可以在"位置"属性右侧直接输入坐标值。

3.1.2　缩放动画

制作缩放动画除了可以表现图层对象的尺寸变化外，还可以在 2D 的图层中表现出远近变化。制作缩放动画的具体操作方法如下。

（1）在"项目"面板中选中相应的素材对象，然后拖入时间线。再调整该图层对象的尺寸与合成窗口的尺寸相匹配，如图 3-6 所示。

（2）在时间线中展开该对象的"变换"属性，然后将时间线滑块定位在第 0 秒，将"缩放"数值调整为 60%，单击"缩放"属性前的 按钮，记录下关键帧，此时记录下的关键帧显示为 状态，"缩放"属性前的按钮会变为 状态，如图 3-7 所示。

（3）将时间线滑块定位在第 2 秒，然后将"缩放"数值调整为 150%，效果如图 3-8 所示。此时在时间线的"缩放"属性上会添加一个关键帧，如图 3-9 所示。

（4）在"预览控制台"面板中单击 （播放）按钮，即可看到相应的缩放动画。

图3-6　将素材拖入时间线并调整大小

图3-7　在第0秒记录"缩放"关键帧

图3-8　在第2秒放大图像的效果

图3-9　时间线的关键帧分布

3.1.3　旋转动画

　　旋转动画除了可以定义旋转的角度外，还可以定义图层对象的旋转圈数。制作旋转动画的具体操作方法如下。

　　（1）在"项目"面板中选中相应的素材对象，然后拖入时间线。再调整该图层对象的尺寸与合成窗口的尺寸相匹配，如图 3-10 所示。

　　（2）在时间线中展开该对象的"变换"属性，然后将时间线滑块定位在第 0 秒，单击"旋转"属性前的 按钮，此时记录下的关键帧显示为 状态，"旋转"属性前的按钮会变为 状态，如图 3-11 所示。

图3-10　将素材拖入时间线并调整大小

图3-11　在第0秒记录"旋转"关键帧

　　（3）将时间线滑块定位在第 3 秒，然后将"旋转"设置为 60°，效果如图 3-12 所示。此时在时间线的"旋转"属性上会添加一个关键帧，如图 3-13 所示。

　　（4）在"预览控制台"面板中单击 ▶（播放）按钮，即可看到相应的旋转动画。

图3-12 在第3秒旋转图像的效果　　　　图3-13 时间线的关键帧分布

3.1.4 透明度动画

制作透明度动画，可以实现淡入淡出的效果，当制作一个淡入和淡出的效果时，只用两个关键帧无法实现，需要用到 4 个关键帧。制作不透明度动画的具体操作方法如下。

（1）在"项目"面板中选中相应的素材对象，然后拖入时间线。再调整该图层对象的尺寸与合成窗口的尺寸相匹配，如图 3-14 所示。

（2）在时间线中展开该对象的"变换"属性，然后

图3-14 将素材拖入时间线并调整大小

将时间线滑块定位在第 1 秒，确定"透明度"的数值为 0%，定义为完全不透明，然后单击"透明度"属性前的 按钮，记录下关键帧，此时记录下的关键帧显示为 状态，"透明度"属性前的按钮会变为 状态，如图 3-15 所示，效果如图 3-16 所示。

图3-15 在第1秒添加"透明度"为0%，并记录关键帧　　　图3-16 "透明度"的数值设置为0%的效果

（3）将时间线滑块定位在第 3 秒，然后将"透明度"的数值设置为 100%，此时在时间线的第 3 秒的"透明度"属性上会自动添加一个关键帧，如图 3-17 所示，效果如图 3-18 所示。

图3-17 在第3秒添加"透明度"关键帧，并设置"透明度"为100%

（4）将时间线滑块定位在第 5 秒，然后单击时间线左侧的 ◇（在当前时间添加关键帧）按钮，添加一个关键帧，此时在时间线的第 5 秒的"透明度"属性上会自动添加一个关键帧，如图 3-19 所示。

图3-18　"透明度"的数值设置为100%的效果

图3-19　在第5秒添加"透明度"关键帧

（5）同理，将时间线滑块定位在第 6 秒，然后将"透明度"的数值设置为 0%，重新定义为完全不透明，效果如图 3-20 所示，此时在时间线的第 6 秒的"透明度"属性上会自动添加一个关键帧，如图 3-21 所示。

（6）在"预览控制台"面板中单击 ▶（播放）按钮，即可看到淡入淡出的动画效果，如图 3-22 所示。

图3-20　"透明度"的数值设置为0%的效果

图3-21　在第6秒添加"透明度"关键帧，并设置"透明度"为0%

图3-22　淡入淡出的动画效果

3.1.5 定位点动画

当简单调整图层的定位点时，虽然会出现图层位置的变化，但是不能采用这种方法制作位移的动画。通过调整定位点虽然不能直接完成一些动画的制作，但是通过配合其他的属性动画，即可快速完成一些复杂的动画效果，例如，利用定位点和旋转动画可以十分容易的制作出离心旋转的动画效果。具体操作步骤如下。

（1）在"项目"面板中选中相应的素材对象，然后拖入时间线。再调整该图层对象的尺寸与合成窗口的尺寸相匹配，如图 3-23 所示。

（2）在时间线中展开该对象的"变换"属性，此时可以看到"定位点"属性，如图 3-24 所示。

图3-23　将素材拖入时间线并调整大小

图3-24　"定位点"属性

（3）将时间线滑块定位在第 0 秒，然后利用工具栏中的 ▦（定位点工具）将定位点拖曳到对象的右下角，如图 3-25 所示。接着单击"定位点"属性前的 ⏱ 按钮，记录下关键帧，此时按钮会变为 ◇ 状态，如图 3-26 所示。

图3-25　在第0秒调整"定位点"的位置

图3-26　在第0秒记录"定位点"关键帧

（4）将时间线滑块定位在第 3 秒，然后利用工具栏中的 ▦（定位点工具）将定位点继续向对象的右下角拖动，如图 3-27 所示，此时在时间线的第 3 秒的"定位点"属性上会添加一个关键帧，如图 3-28 所示。

（5）将时间线滑块定位在第 0 秒，单击"旋转"属性前的 ⏱ 按钮，记录下关键帧，此时按钮会变为 ◇ 状态。然后将时间线滑块定位在第 3 秒，将"旋转"的数值设置为"4x+0.0。"，此时软件会在第 3 秒的"旋转"属性上自动添加一个关键帧，在如图 3-29 所示。

图 3-27　在第 3 秒将"定位点"继续向右下角拖动

（6）在"预览控制台"面板中单击 ▶（播放）按钮，即可看到离心旋转，且离心越来越远的动画效果，如图 3-30 所示。

图3-28　时间线的关键帧分布

图3-29　关键帧分布

图3-30　离心旋转，且离心越来越远的动画效果

3.2　关键帧的基本操作

在一个视频动画中，关键帧是制作动画的关键，所有帧的画面都是按照关键帧的属性进行自动填补的，所以在制作动画时只需要定义关键帧的内容和关键帧之间的普通帧的填补方式，即可完成整个视频的制作。

3.2.1　动画开关

After Effects CS6 中大多数参数都可以设置动画，这些可以设置动画的参数前面都有一个动画开关，又称码表。码表未打开时显示为 ⑤ 按钮，打开时显示为 ◇ 状态。当打开码表后，在时间线相对应的时间点上就会出现一个关键帧标记，表示启用了关键帧。当打开了码表，并在

不同的时间位置上创建了关键帧后，无论该关键帧是软件自动创建的，还是用户自行添加的，只要再次单击◇按钮，即可删除所有的关键帧，此时相应属性的动画效果也会随之消失。

3.2.2 添加关键帧

在添加关键帧之后，在关键帧和关键帧之间软件会自动添加普通的帧画面。添加关键帧的具体操作步骤如下。

（1）在时间线面板中展开相应图层对象的属性，找到要添加关键帧的属性。

（2）将时间滑块移动到要添加关键帧的位置，然后在该属性中单击⏱按钮，此时动画开关显示为◇状态，软件会自动添加1个关键帧，如图3-31所示。

图3-31 添加1个关键帧

（3）将时间滑块移动到要添加下一个关键帧的位置，然后单击◇（添加关键帧）按钮，此时该按钮将切换为◇状态，软件会在该时间点上添加一个与上一个关键帧属性相同的关键帧，如图3-32所示。

图3-32 添加一个与上一个关键帧属性相同的关键帧

（4）如果要创建与上一个关键帧属性不同的关键帧，可以将时间滑块移动到要添加关键帧的位置，然后对该时间点上的关键帧属性进行调整，此时软件会自动在该时间点上创建一个关键帧。

3.2.3 删除关键帧

在自动添加关键帧时，相应图层动画并不会发生任何变化，当要删除一个关键帧时，就很有可能对相应的动画造成影响。例如制作了一个用3个关键点控制的三角形位置动画，如图3-31所示，如果将中间的关键帧删除，动画就会变为具有两个关键点的直线动画，如图3-32所示。

删除关键帧的方法有很多种，最简单的方法为选中要删除的单个或多个关键帧，然后按键盘上的【Delete】键，即可将选中的单个或多个关键帧进行删除。如果要删除一个属性的所有关键帧，在时间线中单击◇按钮即可。

图3-33　用3个关键点控制的三角形位置动画

图3-34　删除中间关键帧的效果

3.2.4　关键帧导航

当时间线中有多个关键帧时，往往为了设置关键帧参数而在这些关键帧之间频繁移动。为了便于操作，可以通过关键帧导航器来准确选中所需的关键帧。关键帧导航器位于时间线左侧，如图3-35所示，在关键帧导航器中单击◀（前一个）按钮，可以跳转到前一个关键帧，单击▶（后一个）按钮，可以跳转到后一个关键帧。

图3-35　关键帧导航器

3.2.5　选择关键帧

在制作视频动画的过程中，当要对一个关键帧进行各种编辑操作时，首先要选中相应的关键帧，After Effects CS6 提供了多种选择关键帧的方法。

1．选择单个关键帧

选中单个关键帧的方法很简单，只要单击工具栏中的 ▣（选择工具）按钮，然后在时间线中直接单击相应的关键帧即可。

2．选中多个关键帧

当要选择多个关键帧时，可以单击工具栏中的 ▨（选择工具）按钮，然后按住【Shift】键，依次单击要选择的关键帧即可。如果要选中一个区域中的所有关键帧，可以采用拖动的方法，将要选中的关键帧框选起来，此时被选中的关键帧将呈黄色，未选中的关键帧将呈灰色，如图3-36 所示。

图3-36 框选一个区域中的所有关键帧

3．选中所有的关键帧

当要选中一个属性的所有关键帧时，可以直接在时间线中单击该属性的名称；当要同时选中多个属性的关键帧时，在时间线面板左侧将相应属性的名称框选起来即可。

3.2.6 移动关键帧

移动关键帧的具体步骤如下。

（1）在时间线中选中要调整时间位置的关键帧。

（2）直接拖动该关键帧的位置到相应的时间点，此时该关键帧的相应时间点和属性会显示在鼠标的下面，如图 3-37 所示。

图3-37 调整关键帧的位置

3.2.7 复制和粘贴关键帧

After Effects CS6 在合成制作时，有时有很多需要重复设置的参数，此时关键帧的复制和粘贴经常会使用到。关键帧的复制和粘贴，可以在图层同一参数的不同时间点上进行，也可以在不同图层上进行。对于不同属性的参数，如果其类型不同，也可以进行关键帧的复制和粘贴。例如，定位点和位置之间，虽然参数的属性不通，但都是二维的数组，参数值可以相互复制和粘贴。

同时选择多个属性的不同关键帧时，也可以进行复制和粘贴。例如，选择了第1个图层的定位点、位置和比例3个属性的多个关键帧，按快捷键【Ctrl+C】进行复制，然后在第2个图层上将定位点、位置和比例3个属性选中，再确定好目标时间，按【Ctrl+V】键进行粘贴，此时这几个属性的关键帧将同时粘贴到这个图层上。

3.3 控制关键帧

当在一个动画效果中确定了关键帧的属性后，关键帧之间的普通帧的属性将由软件自动调整。在默认的情况下，关键帧之间的普通帧的变化是线性的，但是在真实的物理现象中，基本上很少有绝对线性的运动，例如，再好的跑车也是从静止慢慢进行加速，不可能实现绝对线性的加速。所以在After Effects中制作一些模拟现实情况的动画时，就要对关键帧之间的普通帧的变化进行控制，否则制作的动画效果会比较生硬。下面将具体讲解对普通帧进行控制的方法。

3.3.1 调整关键帧插值

当确定好关键帧后，可以通过控制运动的路径或时间的速率对关键帧之间软件自动添加的普通帧进行相应的干预。当要对一个关键帧附近的普通帧进行调整时，需要选中该关键帧，然后执行菜单中的"动画|关键帧插值"命令，此时会弹出图3-38所示的对话框。该对话框的主要参数解释如下。

（1）临时插值：用于调整与时间有关的参数，控制关键帧和离开关键帧的速度变化。在右侧的下拉列表中有"当前设置""线性""曲线""连续曲线""自动曲线"和"停止"6个选项可供选择。

图3-38 "关键帧插值"对话框

- 当前设置：选择该项后，将保持当前关键帧的时间设置。
- 线性：选择该项后，将采用匀速的运动方式，该选项也是软件默认的运动方式，关键帧图标为◇。
- 曲线：选择该项后，可以分别调节关键帧入和出的速度变化，关键帧图标为Σ。
- 连续曲线：选择该项后，将在调整关键帧入速度的同时影响关键帧出的速度，关键帧图标为Σ。
- 自动曲线：选择该项后，将用自动方式调节速度变化，同时影响关键帧入和出的速度，关键帧图标为◯。
- 保持：选择该项后，将实现突变的效果，前后关键帧之间将没有任何的速度过渡变化，关键帧图标为◁。

（2）空间插值：用于控制图层对象运动轨迹的种类，从而进一步控制运动路径的形态。在右侧的下拉列表中有"当前设置""线性""曲线""连续曲线"和"自动曲线"5个选项可供选择。

- 当前设置：选择该项后，将保持当前关键帧的运动轨迹设置。
- 线性：选择该项后，将调整该关键帧左右两侧的运动路径为直线的运动方式，将关键帧与关键帧之间用直线连接起来。
- 曲线：选择该项后，将调整该关键帧左右两侧的运动路径为贝塞尔曲线的运动方式。该方式可以完全自由地控制关键帧两侧的手柄，调整关键帧一侧的曲线并不会影响另一侧的曲线，关键帧两侧的路径独立变化，可以更自由地改变运动路径曲线的形态。
- 连续曲线：选择该项后，将调整该关键帧左右两侧的运动路径为贝塞尔曲线的运动方式，并且当调整一侧的运动路径时，另一侧的运动路径也会随之发生变化。该运动路径的方式为软件默认的运动方式。
- 自动曲线：选择该项后，运动路径将变成平滑的曲线，关键帧的两侧将出现可以控制的手柄，当拖动手柄时可以改变运动路径曲线。

（3）巡回：用于控制关键帧的漂浮方式。在右侧的下拉列表中有"锁定时间"和"漂浮穿越时间"两个选项可供选择。

3.3.2 调整贝塞尔曲线

1．贝塞尔曲线

在 After Effects 软件中控制运动路径的方式有两种，一种是简单的直线路径；另一种是被称为贝塞尔的曲线路径。贝塞尔曲线可以控制相应图层对象的运动轨迹、关键帧属性变化的速率，还可以绘制或修改矢量的图形形态。贝塞尔曲线由节点和控制柄两部分组成，如图 3-39 所示。

图3-39　贝塞尔曲线

1）节点

在贝塞尔曲线中节点用于控制该曲线所经过的位置，在默认的情况下，通过创建相应的节点，可以定义贝塞尔曲线的基本形态，当删除一个节点时会直接影响到贝塞尔曲线的形态，但是在已经存在的贝塞尔曲线上添加节点则不会影响当前贝塞尔曲线的形态。

2）控制柄

在默认的情况下，节点和节点之间是由直线连接的，当要将两个节点之间的线型调整为贝塞尔曲线时，就需要调整相应节点控制柄的位置和长度。控制柄的长度用于控制曲线的弯曲程度，而控制柄的角度用于控制曲线的角度，控制柄和相应控制的曲线会始终保持相切的状态。

2．"钢笔"工作组

工具栏中的"钢笔"工作组包括 ▨（钢笔工具）、▨（节点添加工具）、▨（节点清除工具）

和▨（节点转换工具）4 种工具，利用这些工具可以在贝塞尔曲线上进行添加、清除节点和转换节点的相关操作。

3.4 图形编辑器

"图形编辑器"以图表的形式显示了所用效果和动画的情况，如图 3-40 所示。利用"图形编辑器"可以很方便地查看和操作包括属性值、关键帧、关键帧插值、速率等信息和设置。

图3-40 图形编辑器

"图形编辑器"中的主要按钮的含义如下。

（1）◉（显示图形编辑器内所选定的属性）按钮：单击该按钮，会弹出图 3-41 所示的快捷菜单，通过选择不同的选项，可以在图形编辑器中显示所选择的属性。

- 显示所选定属性：选择该项，将把选中的属性曲线显示在面板的右侧，反之将不进行显示。

图3-41 显示图形编辑器内所选定的属性快捷菜单

- 显示动画属性：选择该项，将把拥有动画关键帧的属性曲线显示在面板中，而不管该属性是否被选中。

- 显示图形编辑器设置：选择该项，将显示设置了"强制曲线"的属性曲线，反之该设置将失去其作用。

（2）▣（选择图形类型和选项）按钮：单击该按钮，会弹出图 3-42 所示的快捷菜单，通过选择不同的选项，可以调整曲线的编辑类型和一些附加组件的显示方式。

- 自动选定图形类型：选择该项，软件将按照不同的属性，自动定义显示为数值变化曲线还是速度变化曲线。

- 编辑数值图形：选择该项，将在该面板右侧显示数值变化曲线。

- 编辑速度图形：选择该项，将在该面板右侧显示速度变化曲线，也就是速率曲线。

图3-42 选择图形类型和选项快捷菜单

- 显示参考图形：选择该项，将同时在该面板右侧显示数值速率曲线和速度变化曲线。

- 显示音频波形：选择该项，将在该面板右侧的曲线位置上显示音频的波形。

- 显示图层入点/出点：选择该项，将把当前素材的入点和出点标记显示在曲线中。

- 显示图层标记：选择该项，将把当前图层的标记显示在曲线中。

● 显示图形工具提示：选择该项，将在编辑曲线时，在鼠标指针的右侧显示当前鼠标所在位置的精确属性信息。

● 显示表达式编辑器：选择该项，将在该面板右侧的底部显示表达式编辑器。

（3）▦（在多个关键帧被选定时显示转换框）按钮：当同时选中多个节点时，如果单击该按钮，将显示出相应的变形框，反之将不进行显示。

（4）🧲（吸附）按钮：单击该按钮，将在移动一个节点时，自动吸附相应节点的位置与其他的节点对齐，并且出现相应的辅助线。

（5）🔍（自动缩放曲线图高度）按钮：单击该按钮，软件将自动调整显示的尺寸，可以同时将所有节点和曲线显示出来，否则将需要手动进行缩放调整。

（6）〽（适配所选定范围到视图）按钮：单击该按钮，软件将自动调整视图，从而适合显示选中的节点和曲线。

（7）〽（适配全部图形到视图）按钮：单击该按钮，软件将自动调整视图，从而适合把所有的节点都显示出来。

（8）✳（分离多维参数）按钮：单击该按钮，将把当前属性中的参数分离开，例如二维的位置属性中拥有 X 和 Y 两个参数，单击该按钮后，可以将这两个参数分开。当一个属性参数被分离开后，相应的参数可以分别被选中，并可以分别进行关键帧的创建和编辑。

（9）◇（编辑所选定关键帧）按钮：单击该按钮，会弹出图 3-43 所示的快捷菜单，在该菜单中选择不同的命令，可以控制相应关键帧的属性和具体参数。

● 194.0，333.2：显示的是当前选中的关键帧的坐标。

● 编辑数值：选择该项，将弹出相应属性的参数编辑对话框，如图 3-44 所示。在该对话框中可以对相应属性进行参数设定。

图3-43　编辑所选定关键帧快捷菜单　　　　图3-44　相应属性的参数编辑对话框

● 选择相同关键帧：选择该项，将选中和当前关键帧参数等值的关键帧。

● 选择前面关键帧：选择该项，将同时选中该属性当前关键帧之前的所有关键帧。

● 选择跟随关键帧：选择该项，将同时选中该属性当前关键帧之后的所有关键帧。

● 切换保持关键帧：选择该项，将调整当前关键帧的速率为静态。

● 关键帧插值：选择该项，将弹出图 3-45 所示的"关键帧插值"对话框，在该对话框中可以对当前的关键帧进行相应设置。

● 漂浮穿梭时间：选择该项，将转换当前的关键帧为浮动关键帧。

● 关键帧速度：选择该项，将弹出图 3-46 所示的"关键帧速率"对话框，该对话框分为"引入速度"和"引出速度"两部分，可以分别控制相应部分的速率。

图3-45　"关键帧插值"对话框　　　　　图3-46　"关键帧速率"对话框

● 关键帧辅助：用于设置关键帧的不同类型。

（10）（转换所选定关键帧为保持）按钮：单击该按钮，将转换当前关键帧的速率为静态方式。

（11）（转换所选定关键帧为线性）按钮：单击该按钮，将转换当前关键帧的速率为线性方式。

（12）（选择关键帧自动曲线转换）按钮：单击该按钮，将转换当前关键帧的速率为自动贝塞尔方式曲线的变化。

（13）（柔缓曲线）按钮：单击该按钮，将同时平滑当前关键帧入和出的速率，一般为减速入关键帧，加速出关键帧。

（14）（柔缓曲线入点）按钮：单击该按钮，将平滑关键帧入时的速率，一般为减速入关键帧。

（15）（柔缓曲线出点）按钮：单击该按钮，将平滑关键帧出时的速率，一般为加速出关键帧。

课　后　练　习

（1）简述使用基本属性制作动画的方法。

（2）简述添加、删除、移动、复制和粘贴关键帧的方法。

第4章
时间编辑与渲染输出

在 After Effects 中可以将素材调入到时间线窗口中进行各种时间的编辑操作，并可以将编辑好的文件渲染输出为多种格式。通过学习本章，读者应掌握在 After Effects 中进行时间编辑和渲染输出的方法。

4.1 素材图层的入点与出点

在 After Effects 中将一个素材放置到时间线窗口后，可以在时间线中根据需要任意调整素材的入点和出点位置。

1. 在时间线中定位素材的入点和出点

在时间线中定位素材的入点和出点有多种方法，下面就来介绍常用的两种。

- 在时间线中首先确定要插入素材的位置，然后按住【Shift】键的同时将素材从"项目"窗口中拖入时间线靠近时间指针的位置，再松开鼠标，此时素材的入点会自动吸附在目标时间点上。
- 单击时间线窗口左下方的⊞按钮，显示出"入点"和"出点"栏，如图4-1所示。然后在素材图层的"入点"栏的时间码处单击，接着在弹出的"图层入点时间"对话框中设置入点时间如图4-2所示，单击"是"按钮，此时素材在时间线中的入点会移至所需位置，如图4-3所示。同理，可对素材的出点位置进行相应设置。

图4-1　单击时间线窗口左下方的⊞按钮

图4-2　"图层入点时间"对话框

图4-3　调整素材入点后的时间线

2．剪切素材的入点和出点

在时间线中剪切素材的入点，就是素材在时间线中的位置不变，而对其开始部分进行剪切。剪切素材的入点和出点的方法有很多种，下面就来介绍常用的两种。

- 在时间线中首先将时间线滑块定位到素材的目标时间入点处，如图 4-4 所示，然后在素材原入点处单击并拖动，此时鼠标指针会变为左右方向的双向箭头。当拖动入点到靠近时间滑块的位置时，松开鼠标，此时素材的入点会自动吸附到目标时间入点处，如图4-5 所示。同理，剪切素材的出点，如图 4-6 所示。

图4-4　将时间线滑块定位到素材的目标时间入点处

图4-5　素材的入点自动吸附到目标时间入点处

图4-6　剪切素材的出点

- 在时间线中双击素材图层，打开其"图层"视图面板，如图 4-7 所示。然后确定"入点"时间的位置，单击 █ 按钮即可剪切入点，如图 4-8 所示，接着确定"出点"时间的位置，单击 █ 按钮即可剪切出点，如图 4-9 所示。

图4-7　打开"图层"视图面板

图4-8　剪切入点

图4-9　剪切出点

4.2　素材的快放、慢放、静止和倒放

1．视频素材的快慢调速

调节视频素材快慢速度的操作步骤如下。

（1）在时间线中选择要调节速度的视频素材的图层。

（2）执行菜单中的"图层|时间|时间伸缩"命令，然后在弹出的图4-10所示的"时间伸缩"对话框中设置"伸缩功能"后的数值，其中数值为100%时，视频播放速度不变；数值小于100%时，视频播放速度加快；数值大于100%时，视频播放速度减慢。

（3）设置完成后单击"是"按钮，即可完成设置。

2．视频素材的倒放

对视频素材进行倒放，就是将原来从前往后播放的镜头变为由后往前播放的镜头。设置视频素材倒放的具体操作步骤如下。

（1）在时间线中选择要进行倒放的视频素材的图层。

（2）执行菜单中的"图层 | 时间 | 时间反向层"命令，即可完成视频素材倒放设置。

3．视频画面的定格

图4-10　"时间伸缩"对话框

在视频合成操作中，有时需要在动态视频画面中挑选出某一画面作定格处理，即不需要这段视频动态播放而只需要其中的一帧画面。对视频画面进行定格的具体操作步骤如下。

（1）在时间线中选择要进行视频画面定格的视频素材的图层。

（2）将时间滑块定位到要进行定格的画面。

（3）执行菜单中的"图层 | 时间 | 冻结帧"命令，即可完成视频画面的定格设置。

4.3　预览动画效果

在进行合成制作的过程中或者制作结束时，需要对制作的效果进行随时预览。在 After Effects CS6 中可以通过"预览控制台"面板和快捷键两种方法进行动画预览。

1．利用"预览控制台"面板进行预览

"预览控制台"面板如图 4-11 所示。如果该面板没有显示，可以通过执行菜单中的"窗口 | 预览控制台"命令，调出该面板。该面板的参数解释如下。

- ◄◄第一帧：单击该按钮，当前时间指示器将直接跳到整段视频的开始一帧。

- ◄�|前一帧：单击该按钮，将向前播放一帧画面。

图4-11　"预览控制台"面板

- ▶　播放／暂停：激活该按钮，将开始播放视频，取消激活该按钮，将暂停视频播放。这里需要注意的是，播放视频的速度会根据计算机的系统配置的不同而有所不同。

- |▶　下一帧：单击该按钮，将向后播放一帧画面。

- ▶|结束帧：单击该按钮，当前时间指示器将直接跳到整段视频的最后一帧。

- ◄)静音：单击该按钮，该按钮将切换为 状态，此时播放视频是不能听到声音的；单击 按钮，切换为 状态，此时播放视频才能听到声音。

- 单击更改循环选项：单击该按钮，该按钮将切换为 状态，此时播放视频将先从前往后，然后再从后往前不断进行循环播放；单击 按钮，该按钮将切换为 状态，此时播放视频将从前往后播放一次；单击 按钮，该按钮将切换为 状态，此时播放视频将从

前往后不断循环播放。

- ▶ RAM 预演：单击该按钮，After Effects 会将工作区域中的合成影像载入内存中以便用户进行实时预览。预览的时间长度与内存大小有关，内存越大，可以预览的视频就越长。它的快捷键是小键盘上的数字键【0】。
- 帧速率：用于定义内存预览时采用的帧速率。
- 跳过：用于定义是否进行跳帧预览，并可以设置相应跳帧的数量。
- 分辨率：用于定义内存预览时采用的分辨率解析度。
- 从当前开始预览：勾选该项后，将从当前时间指示器的位置开始进行视频预览。
- 全屏：勾选该项后，将在全屏幕的范围内进行视频的预览。

2．利用快捷键进行预览

按空格键，将只进行视频预览；按小键盘上的"."键，将只进行音频预览；按小键盘上的【0】键，将同时进行视频和音频的预览。

4.4 输 出 渲 染

合成好的影片往往会因为输出设置不当，得到质量较差的影片，所以渲染输出设置也是很重要的。下面首先来认识"渲染设置模板"对话框。执行菜单中的"编辑|模板|渲染设置"命令，即可弹出该对话框，如图 4-12 所示。

图4-12 "渲染设置模板"对话框

当对 After Effects 不是特别了解的时候，最好还是选择"最佳设置"命令，这样基本上可以保证合成后的片子不会有太大的技术问题。

单击"渲染设置模板"对话框中的"编辑"按钮，弹出"渲染设置"对话框，如图 4-13 所示。下面以"最佳设置"为例说明渲染设置的具体情况。

图4-13　"渲染设置"对话框

（1）品质：："最佳"表示渲染时，素材的品质设置为最高。该选项一共有"最佳""草稿"和"线框图"3个选项可供选择，分别对应了After Effects中素材品质的3个档次。

（2）分辨率："全分辨率"表示渲染时，将使用最高分辨率。该选项一共有"全分辨率""1/2""1/3""1/4"和"自定义"5个选项可供选择。

（3）代理使用：询问是否使用代理，该项可以以操作习惯来决定。

（4）效果：对当前代理使用情况的设置。"当前设置"表示渲染时，保持当前滤镜的设置。

（5）帧混合：帧混合的设置。"打开已选中图层"表示渲染时，只针对检测到打开了"帧混合"开关的层进行帧混合处理。

（6）场渲染：场渲染的设置，只有在渲染隔行扫描的视频文件时才会使用它。

（7）3：2下变换：在电视与电影视频进行转换时使用的一种方式。

（8）动态模糊：运动模糊的设置。"打开已选中图层"表示渲染时，只针对检测到打开了"动态模糊"设置的层进行运动模糊处理。

（9）时间范围：渲染时间范围的设置。"仅工作区域栏"表示只渲染工作区范围内的合成内容；"合成长度"将渲染全部"合成图像"时间长度范围内的内容。

（10）选中"跳过现有文件（允许多机器渲染）"复选框，表示渲染时，如果文件已经存在就会跳过不渲染，建议大多数情况下使用该选项。在做网络联机渲染时，必须取消"使用存储溢出"复选框的选取，并选中"跳过现有文件"复选框。

（11）帧速率：帧速率的设置。"使用合成帧速率"将使用当前"合成图像"的帧速率作为渲染结果的帧速率；"使用这个帧速率"可以自定义帧速率，此时应将30改为25帧／秒，以适应PAL制式。

执行菜单中的"编辑|模板|输出组件"命令，在弹出的如图4-14所示的对话框中单击"编辑"按钮，进入"输出组件模板"对话框，如图4-15所示。

图4-14　"输出组件模板"对话框

图4-15　"输出组件设置"对话框

"格式"下有很多格式可供选择，在向广播级目标输出时，如果机器有硬件输出卡，可以选择Windows Media选项，然后单击"格式选项"按钮，在弹出的对话框中可以看到机器的硬件输出卡显示在下拉列表中。如果没有硬件输出卡，就不要选择Windows Media选项，应选择"Targa序列"或"TIFF序列"选项这种比较通用的图片序列格式。若选择"Targa序列"选项，单击"格式选项"按钮，在弹出的如图4-16所示的对话框中选择输出分辨率。

如果还要对渲染出来的图像进行再次合成，则应选择"32位／像素"，保留其中的Alpha通道；如果渲染的是最终结果，则应选择"24位／像素"。"RLE压缩"是无损压缩，选中后表示不会对图像有任何损伤。

图4-16　"Targa选项"对话框

课　后　练　习

（1）简述在时间线中定位素材的入点和出点的方法。

（2）简述设置素材的快放、慢放、静止和倒放的方法。

（3）简述设置渲染输出的方法。

第5章

图层的混合模式、蒙版与遮罩

After Effects CS6 中的混合模式和 Photoshop 中的混合模式基本上是同一概念，只是 After Effects 中的混合模式选项更加繁多。通过 Alpha 蒙版或亮度蒙版对相应图层的透明区域进行相关设置。利用"遮罩"则可以对图层中的某些区域进行隐藏。通过学习本章，读者应掌握 After Effects CS6 中的图层混合模式、蒙版与遮罩的相关知识。

5.1   图层的混合模式

与 Photoshop 类似，After Effects 中图层模式的应用十分重要，图层之间可以通过图层模式来控制上层与下层的融合效果。After Effects 中混合模式都是定义在相关图层上的，而不能定义到置入的素材上，也就是说必须将一个素材置入到合成图像的时间线面板中，才能定义它的混合模式。定义图层混合模式的方法有以下两种。

- 在时间线面板中选中要定义混合模式的图层，然后执行菜单中的"图层|混合模式"命令，在弹出的下拉菜单中选择相应的选项即可。
- 在时间线面板中选中要定义混合模式的图层，然后在其后的"混合模式"栏中直接指定相应的混合模式。

After Effects CS6 提供了 38 种混合模式，如图 5-1 所示，下面进行具体介绍。

1. 正常

当不透明度为 100% 时，此混合模式将根据 Alpha 通道正常显示当前层，并且此层的显示不受到其他层的影响。当不透明度小于 100% 时，当前层的每一个像素点的颜色都将受到其他层的影响，会根据当前的不透明度值和其他层的色彩来确定显示的颜色。

2. 溶解

该混合模式用于控制层与层之间的融合显示，因此该模式对于有羽化边界的层会起到较大影响。如果当前层没有遮罩羽化边界，或该

图 5-1   38 种混合模式

正常
溶解
动态抖动溶解

变暗
正片叠底
颜色加深
典型颜色加深
线性加深
暗色

添加
变亮
屏幕
颜色减淡
典型颜色减淡
线性减淡
亮色

叠加
柔光
强光
线性光
艳光
固定光
强烈混合

差值
典型差值
排除
减法
除法

色相位
饱和度
颜色
亮度

模版 Alpha
模版亮度
轮廓 Alpha
轮廓亮度

添加 Alpha
冷光预乘

层设定为完全不透明，则该模式几乎是不起作用的。所以该混合模式的最终效果将受到当前层 Alpha 通道的羽化程序和不透明度的影响。图 5-2 为在带有 Alpha 通道的图层上选择"溶解"混合模式前后的效果比较。

图5-2　选择"溶解"混合模式前后的效果比较

3．动态抖动溶解

该混合模式与"溶解"混合模式相同，只不过对融合区域进行了随机动画。

4．变暗

当选中该混合模式后，软件将会查看每个通道中的颜色信息，并选择基色或混合色中较暗的颜色作为结果色，即替换比混合色亮的像素，而比混合色暗的像素保持不变。图 5-3 为选择"变暗"混合模式前后的效果比较。

图5-3　选择"变暗"混合模式前后的效果比较

5．正片叠底

当选中该混合模式后，软件将会查看每个通道中的颜色信息，并将基色和混合色进行正片叠底，结果色总是较暗的颜色。任何颜色与黑色正片叠底会显示为黑色，任何颜色与白色正片叠底后颜色保持不变。图 5-4 为选择"正片叠底"混合模式前后的效果比较。

6．颜色加深

当选择该混合模式时，软件将会查看每个通道中的颜色信息，并通过增加对比度使基色变暗以反映混合色，与白色混合不会发生变化。图 5-5 为选择"颜色加深"混合模式前后的效果比较。

图5-4　选择"正片叠底"混合模式前后的效果比较

图5-5　选择"颜色加深"混合模式前后的效果比较

7．典型颜色加深

该混合模式其实就是 After Effects 5.0以前版本中的"颜色加深"模式，为了让旧版的文件在新版软件中打开时保持原始的状态，因此保留了这个旧版的"颜色加深"模式，并被命名为"典型颜色加深"模式。

8．线性加深

当选择该混合模式时，软件将会查看每个通道中的颜色信息，并通过减小亮度使基色变暗以反映混合色，与白色混合不会发生变化。图 5-6 为选择"线性加深"混合模式前后的效果比较。

图5-6　选择"线性加深"混合模式前后的效果比较

9．暗色

这种混合模式可以使基色变暗以反映层的颜色，如果层的颜色为黑色则不产生变化。图5-7为"暗色"模式下的画面显示。

图5-7　选择"暗色"混合模式前后的效果比较

10．添加

当选择该混合模式时，将比较混合色和基色的所有通道值的总和，并显示通道值较小的颜色。"添加"混合模式不会产生第3种颜色，因为它是从基色和混合色中选择通道最小的颜色来创建结果色的。图5-8为选择"添加"混合模式前后的效果比较。

图5-8　选择"添加"混合模式前后的效果比较

11．变亮

当选中该混合模式后，软件将会查看每个通道中的颜色信息，并选择基色或混合色中较亮的颜色作为结果色，即替换比混合色暗的像素，而比混合色亮的像素保持不变。图5-9为选择"变亮"混合模式前后的效果比较。

12．屏幕

该混合模式是一种加色混合模式，具有将颜色相加的效果。由于黑色意味着RGB通道值为0，所以该模式与黑色混合没有任何效果，而与白色混合则得到RGB颜色的最大值白色。图5-10为选择"屏幕"混合模式前后的效果比较。

图5-9 选择"变亮"混合模式前后的效果比较

图5-10 选择"屏幕"混合模式前后的效果比较

13. 颜色减淡

当选择该混合模式时，软件将会查看每个通道中的颜色信息，并通过减小对比度使基色变亮以反映混合色，与黑色混合则不会发生变化。图 5-11 为选择"颜色减淡"混合模式前后的效果比较。

图5-11 选择"颜色减淡"混合模式前后的效果比较

14. 典型颜色减淡

该混合模式其实就是 After Effects 5.0 以前版本中的"颜色减淡"模式，为了让旧版的文件在新版软件中打开时保持原始的状态，因此保留了这个旧版的"颜色减淡"模式，并被命名为"典型颜色减淡"模式。

15．线性减淡

当选择该混合模式时，软件将会查看每个通道中的颜色信息，并通过增加亮度使基色变亮以反映混合色，与黑色混合不会发生变化。图5–12为选择"线性减淡"混合模式前后的效果比较。

图5–12　选择"线性减淡"混合模式前后的效果比较

16．亮色

这种混合模式可以使基色变亮以反映层的颜色，如果层的颜色为白色则不产生变化。图5–13为"亮色"模式下的画面显示。

图5–13　选择"亮色"混合模式前后的效果比较

17．叠加

该混合模式可以根据底层的颜色，将当前层的像素相乘或覆盖。该模式可以导致当前层变亮或变暗。该模式对于中间色调影响较明显，对于高亮度区域和暗调区域影响不大。图5–14为选择"叠加"混合模式前后的效果比较。

18．柔光

该混合模式可以创造一种光线照射的效果，使亮度区域变得更亮，暗调区域将变得更暗。如果混合色比50%灰色亮，则图像会变亮；如果混合色比50%灰色暗，则图像会变暗。柔光的效果取决于层的颜色，用纯黑色或纯白色作为层颜色时，会产生明显较暗或较亮的区域，但不会产生纯黑色或纯白色。图 5-15 为选择"柔光"混合模式前后的效果比较。

图5-14　选择"叠加"混合模式前后的效果比较

图5-15　选择"柔光"混合模式前后的效果比较

19. 强光

　　该混合模式可以对颜色进行正片叠底或屏幕处理，具体效果取决于混合色。如果混合色比 50% 灰度亮，就是屏幕后的效果，此时图像会变亮；如果混合色比 50% 灰度暗，就是正片叠底效果，此时图像会变暗。使用纯黑色和纯白色绘画时会出现纯黑色和纯白色。图 5-16 为选择"强光"混合模式前后的效果比较。

图5-16　选择"强光"混合模式前后的效果比较

20. 线性光

该混合模式可以通过减小或增加亮度来加深或减淡颜色，具体效果取决于混合色。如果混合色比50%灰度亮，则会通过增加亮度使图像变亮；如果混合色比50%灰度暗，则会通过减小亮度使图像变暗。图5-17为选择"线性光"混合模式前后的效果比较。

图5-17　选择"线性光"混合模式前后的效果比较

21. 艳光

该混合模式可以通过减小或增加对比度来加深或减淡颜色，具体效果取决于混合色。如果混合色比50%灰度亮，则会通过增加对比度使图像变亮；如果混合色比50%灰度暗，则会通过减小对比度使图像变暗。图5-18为选择"艳光"混合模式前后的效果比较。

图5-18　选择"艳光"混合模式前后的效果比较

22. 固定光

该混合模式可以根据混合色替换颜色。如果混合色比50%灰色亮，则会替换比混合色暗的像素，而不改变比混合色亮的像素；如果混合色比50%灰色暗，则会替换比混合色亮的像素，而比混合色暗的像素保持不变。图5-19为选择"固定光"混合模式前后的效果比较。

23. 强烈混合

当选中该混合模式后，将把混合颜色的红色、绿色和蓝色的通道值添加到基色的RGB值中。如果通道值的总和大于或等于255，则值为255；如果小于255，则值为0。因此，所有混合像素的红色、绿色和蓝色通道值要么是0，要么是255，这会使所有像素都更改为原色，即红色、绿色、蓝色、青色、黄色、洋红色、白色或黑色。图 5-20 为选择"强烈混合"混合模式前后的效果比较。

图5-19 选择"固定光"混合模式前后的效果比较

图5-20 选择"强烈混合"混合模式前后的效果比较

24．差值

当选中该混合模式后，软件将会查看每个通道中的颜色信息，并从基色中减去混合色，或从混合色中减去基色，具体取决于哪一个颜色的亮度值更大。与白色混合将反转基色值，与黑色混合则不产生变化。图 5-21 为选择"差值"混合模式前后的效果比较。

图5-21 选择"差值"混合模式前后的效果比较

25．典型差值

该混合模式其实就是 After Effects 5.0 以前版本中的"差值"模式，为了让旧版的文件在新版软件中打开时保持原始的状态，因此保留了这个旧版的"差值"模式，并被命名为"典型差值"模式。

26．排除

当选中该混合模式后，将创建一种与"差值"模式相似但对比度更低的效果，与白色混合将反转基色值，与黑色混合则不会发生变化。图5-22为选择"排除"混合模式前后的效果比较。

图5-22 选择"排除"混合模式前后的效果比较

27．减法

当选中该混合模式后，将从基础颜色中减去源颜色。如果源颜色是黑色，则结果颜色是基础颜色。

28．除法

当选中该混合模式后，将从基础颜色中除以源颜色。如果源颜色是白色，则结果颜色是基础颜色。

29．色相位

当选中该混合模式后，将用基色的明亮度和饱和度以及混合色的色相创建结果色。图5-23为选择"色相位"混合模式前后的效果比较。

图5-23 选择"色相位"混合模式前后的效果比较

30．饱和度

当选中该混合模式后，将用基色的明亮度和色相以及混合色的饱和度创建结果色。在无饱和度（灰色）的区域使用此模式进行绘画将不会发生任何变化。图5-24为选择"饱和度"混合模式前后的效果比较。

图5-24 选择"饱和度"混合模式前后的效果比较

31．颜色

当选中该混合模式后，将用基色的明亮度以及混合色的色相和饱和度创建结果色，这样可以保留图像中的灰阶，并且对于给单色图像上色或给彩色图像着色都会非常有用。图 5-25 为选择"颜色"混合模式前后的效果比较。

图5-25 选择"颜色"混合模式前后的效果比较

32．亮度

当选中该混合模式后，将用基色的色相和饱和度以及混合色的明亮度创建结果色，此混色可以创建与"颜色"模式相反的效果。图 5-26 为选择"亮度"混合模式前后的效果比较。

图5-26 选择"亮度"混合模式前后的效果比较

33. 模版 Alpha

当选中该混合模式时，将依据上层的 Alpha 通道显示以下所有层的图像，相当于依据上面层的 Alpha 通道进行剪影处理。图 5-27 为选择"模版 Alpha"混合模式前后的效果比较。

图5-27 选择"模版Alpha"混合模式前后的效果比较

34. 模版亮度

选中该混合模式时，将依据上层图像的明度信息来决定以下所有层的图像的不透明度信息，亮的区域会完全显示下面的所有图层；黑暗的区域和没有像素的区域则完全不显示以下所有图层；灰色区域将依据其灰度值决定以下图层的不透明程度。图 5-28 为选择"模版亮度"混合模式前后的效果比较。

图5-28 选择"模版亮度"混合模式前后的效果比较

35. 轮廓 Alpha

选中该混合模式时，得到的效果与"模版 Alpha"混合模式的效果正好相反。图 5-29 为选择"轮廓 Alpha"混合模式前后的效果比较。

36. 轮廓亮度

选中该混合模式时，得到的效果与"模版亮度"混合模式的效果正好相反。图 5-30 为选择"轮廓亮度"混合模式前后的效果比较。

图5-29　选择"轮廓Alpha"混合模式前后的效果比较

图5-30　选择"轮廓亮度"混合模式前后的效果比较

37．添加 Alpha

当选中该模式时，上下层的 Alpha 通道将叠加在一起同时产生作用。

38．冷光预乘

当选中该模式时，可以将层的透明区域像素和基色作用在一起，赋予 Alpha 通道边缘透镜和光亮效果。图 5-31 为选择"冷光预乘"混合模式前后的效果比较。

图5-31　选择"冷光预乘"混合模式前后的效果比较

5.2 图层的蒙版操作

After Effects CS6 可以使用蒙版功能，通过一个图层的 Alpha 通道或亮度值影响所选层的透明区域。图层选用蒙版类型只针对其上面的层，在应用了某种蒙版的同时会关闭上层的显示。图层的蒙版包括以下 5 个选项，如图 5-32 所示。

图5-32　图层蒙版的4个选项

- 无轨道蒙版：选择该项后，将不使用任何蒙版设置，该项为默认选项。
- Alpha 蒙版：选择该项后，将使用上层图像的 Alpha 通道作为当前图层的蒙版。图 5-33 为原图像，图 5-34 为选择"Alpha 蒙版"后的效果。

图5-33　原图

- Alpha 反转蒙版：选择该项后，将反转上层图像的 Alpha 通道作为当前图层的蒙版。图 5-35 为选择"Alpha 反转蒙版"后的效果。
- 亮度蒙版：选择该项后，将使用上层图像的亮度作为当前图层的蒙版。图 5-36 为选择"亮度蒙版"后的效果。

图5-34　选择"Alpha蒙版"后的效果　　　　图5-35　选择"Alpha反转蒙版"后的效果

● 亮度反转蒙版：选择该项后，将反转上层图像的亮度作为当前图层的蒙版。图5-37为选择"亮度反转蒙版"后的效果。

图5-36　选择"亮度蒙版"后的效果　　　　图5-37　选择"亮度反转蒙版"后的效果

5.3　遮　　罩

在 After Effects CS6 中，可以利用遮罩将图层中某些部分进行隐藏。用户可以利用遮罩工具和钢笔工具对任何图层添加一个遮罩，并且可以对遮罩进行各种属性的设置。

5.3.1　创建遮罩

遮罩的功能就是将图层中的一部分显示出来，将其余部分隐藏起来。创建遮罩的具体操作步骤如下。

（1）在时间线面板中选中要创建遮罩的图层，该图层可以是静态的图形，也可以是动态的视频。

（2）在工具栏中选择相应的遮罩工具 [包括■（矩形遮罩工具）、■（圆角矩形工具）、■（椭圆形遮罩工具）、■（多边形工具）和☆（星形工具）5 种]，然后在相应的图层对象上直接绘制出遮罩图形，此时遮罩图形区域中的对象将显示出来，而遮罩图形以外的区域将被隐藏，如图 5-38 所示。

图5-38　遮罩效果

5.3.2　修改遮罩形状

当一个遮罩绘制完毕后，可以通过形状的路径绘制工具对其进行重新调整，修改遮罩形状的具体步骤如下。

　　（1）执行菜单中的"图层|遮罩|遮罩形状"命令，或者在时间线面板中展开"遮罩"选项，单击右侧的"形状"按钮。

　　（2）在弹出的图5-39所示的"遮罩形状"对话框中对相应的遮罩图形的尺寸进行精确的调整，具体的选项含义如下。

- 约束编组：在该选项组中调整"上""左""右"和"下"的参数可以定义该遮罩图形和合成图像边界的距离。
- 单位：用于定义参数的单位。
- 形状：当选中"重设为"复选框后，可以在右侧的下拉列表中选择"矩形"或"椭圆形"选项，从而将当前的遮罩图形转换为相应的形状，但是相应的尺寸不发生变化。

　　（3）设置完毕后单击"确定"按钮，即可完成修改。

图5-39　"遮罩形状"对话框

5.3.3　调整遮罩羽化

　　"遮罩羽化"就是将遮罩的边缘进行虚化处理。默认情况下，After Effects的遮罩边缘不带有任何羽化处理。对遮罩进行羽化的具体操作步骤如下。

　　（1）在时间线面板中选中要进行遮罩羽化的遮罩层。

　　（2）执行菜单中的"图层|遮罩|遮罩羽化"命令，然后在弹出的图5-40所示的"遮罩羽化"对话框中进行相应的操作，具体的选项含义如下。

图5-40　"遮罩羽化"对话框

- 水平方向：用于定义遮罩中水平方向的羽化程度，数值越大，遮罩羽化程度越大。
- 垂直方向：用于定义遮罩中垂直方向的羽化程度，数值越大，遮罩羽化程度越大。
- 锁定：当选中"锁定"复选框后，将锁定羽化遮罩横向和纵向的比例。

　　提示

　　在时间线面板中展开"遮罩"选项，然后在"遮罩羽化"右侧也可以设置遮罩羽化的数值，如图5-41所示。

图5-41　设置"遮罩羽化"参数

　　（3）设置完毕后单击"确定"按钮，即可看到对遮罩进行羽化的效果。图5-42为对遮罩进行羽化前后的效果比较。

"遮罩羽化"值为0

"遮罩羽化"值为200

图5-42　对遮罩进行羽化前后的效果比较

5.3.4　调整遮罩透明度

在默认情况下，当创建了一个图层遮罩后，遮罩内的图像会以100%的透明度完全显示出来，而遮罩外的图像是不可见的。如果要调整遮罩的透明度可以执行以下步骤。

（1）在时间线面板中选中要调整遮罩透明度的遮罩层。

（2）执行菜单中的"图层|遮罩|遮罩透明度"命令，然后在弹出的如图5-43所示的"遮罩透明度"对话框中进行相应的操作。

图5-43　"遮罩透明度"对话框

提示

在时间线面板中展开"遮罩"选项，然后在"遮罩透明度"右侧也可以设置遮罩透明度的数值，如图5-44所示。

图5-44　设置"遮罩透明度"参数

（3）设置完毕后单击"确定"按钮，即可看到效果。图 5-45 为设置不同"遮罩透明度"数值的效果比较。

"遮罩透明度"值为100　　　　　　　　　　　　　"遮罩透明度"值为50

图5-45　设置不同"遮罩透明度"数值的效果比较

5.3.5　扩展遮罩

当遮罩的形状确定后，如果要进行尺寸的修改，或制作尺寸的动画，可以通过软件提供的"遮罩扩展"功能对遮罩的尺寸进行扩展。扩展遮罩的具体操作步骤如下。

（1）在时间线面板中选中要进行遮罩扩展的遮罩层。

（2）执行菜单中的"图层|遮罩|遮罩扩展"命令，然后在弹出的如图 5-46 所示的"遮罩扩展"对话框中进行相应的操作。

图5-46　"遮罩扩展"对话框

> **提示**
>
> 在时间线面板中展开"遮罩"选项，然后在"遮罩扩展"右侧也可以设置遮罩羽化的数值，如图5-47所示。
>
>
>
> 图5-47　设置"遮罩扩展"参数

（3）设置完毕后单击"确定"按钮，即可看到遮罩的扩展效果。图5-48为设置不同"遮罩扩展"数值的效果比较。

"遮罩扩展"值为0　　　　　　　　　　　　　　"遮罩扩展"值为100

图5-48　设置不同"遮罩扩展"数值的效果比较

5.3.6　自由变形遮罩

前面讲述的遮罩扩展功能，虽然可以对遮罩的尺寸进行扩展，但实际效果还是和真正的自由变形有一定的区别。如果要对遮罩进行自由变形可以执行以下步骤。

（1）选择要进行自由变形的遮罩。

（2）执行菜单中的"图层|遮罩与形状路径|自由变换点"命令（快捷键【Ctrl+T】），此时选择的遮罩四周会出现一个变形框，如图5-49所示。

（3）当要移动遮罩时，可以将鼠标指针放置到遮罩的中心，当指针变为▶时，单击并拖动可以移动当前的遮罩，如图5-50所示。

图5-49　遮罩四周出现一个变形框　　　　　　图5-50　移动遮罩

（4）当要进行遮罩缩放时，可以将鼠标指针放置到控制点的角点上，当指针变为双向箭头时，单击并拖动即可缩放当前的遮罩，如图5-51所示。

（5）当要进行遮罩旋转时，可以将鼠标指针放置到控制柄的外侧，当指针变成↰形状时，单击并拖动即可旋转当前的遮罩，如图5-52所示。

（6）设置完毕后，将鼠标放置到遮罩的内部，双击即可确定遮罩位置，也可以按【Enter】键确定遮罩位置。

图5-51　缩放遮罩

图5-52　旋转遮罩

5.3.7　调整遮罩属性

在After Effects CS6中，当一个图层上添加了多个遮罩后，可以在时间线中选择相应的遮罩，然后在其右侧的下拉列表中根据需要选择"无""加""减""交叉""变亮""变暗"和"差值"遮罩属性，如图5-53所示，从而产生不同的最终效果。

下面就具体介绍遮罩属性的类型。

1．无

选择该项后，遮罩路径将不起任何遮罩的作用，只是将此路径作为一些动画辅助功能的依据。图5-54为选择"无"遮罩属性类型的效果。

图5-53　选择相应的遮罩属性

图5-54　选择"无"遮罩属性类型的效果

2．加

选中该项后，遮罩中的图像将显示出来，遮罩外的区域将被隐藏，该类型是After Effects CS6默认的选项。当一个图层中拥有两个以上的遮罩时，遮罩区域将进行相加处理，多个遮罩中的图像将同时进行显示。如果遮罩的透明度不是100%，遮罩之间重叠部分的透明度也将进行相加。图5-55为设置"加"类型不同透明度的效果比较。

3．减

选中该项后，遮罩中的图像将被隐藏，遮罩外的区域将被显示出来。当一个图层中拥有两个以上的遮罩时，遮罩区域将进行相减处理。如果遮罩之间有重叠，遮罩之间的透明度也将进行相减处理。图5-56为设置"减"类型不同透明度的效果比较。

"遮罩透明度"均为100%   "遮罩透明度"均为50%

图5-55　设置"加"类型不同透明度的效果比较

"遮罩透明度"均为100%   "遮罩透明度"均为50%

图5-56　设置"减"类型不同透明度的效果比较

4．交叉

选中该项后，如果一个图层中只有一个遮罩，此属性的效果则和"加"属性的效果相同。但当图层中拥有多个遮罩时，则只显示遮罩之间重叠的部分，其他的部分将被隐藏，如图5-57所示。

5．变亮

选中该项后，对于可视区域范围，此属性与"加"属性的效果相同，但是对于遮罩重叠处的透明度则采用透明度较高的值。图5-58为设置"变亮"类型不同透明度的效果。

6．变暗

选中该项后，对于可视区域范围，此属性与"交叉"属性的效果相同。但是对于遮罩重叠处的透明度则采用透明度较低的值。图5-59为设置"变暗"类型不同透明度的效果。

图5-57　设置"交叉"类型的效果　　　　图5-58　设置"变亮"类型不同透明度的效果

7. 差值

选中该项后，对于可视范围采用的是并集减交集的方式。也就是说，先将当前遮罩与上面所有遮罩组合的结果进行并集运算，然后再将当前遮罩与上面的遮罩组合的结果的相交部分进行减去处理。图 5-60 为设置"差值"类型的效果。

图5-59　设置"变暗"类型不同透明度的效果　　　图5-60　设置"差值"类型的效果

5.3.8　调整遮罩的层次关系

在一般情况下，遮罩的层次关系并不会对遮罩的具体效果有任何影响。但是当遮罩设置了不同属性时，遮罩的层次将直接影响到图像的最终效果。此时，可以在时间线面板中手动调整遮罩之间的关系。也可以通过执行菜单中的"图层|排列"命令下的子命令来对遮罩的层次进行调整。菜单中的"图层|排列"命令下包括"图层移到最前""图层前移""图层后移"和"图层移到最后"4 个子命令可供选择。

5.3.9　遮罩的其余功能

除了上面所说的遮罩功能外，After Effects CS6 对遮罩的处理还提供了一些其他命令，来方便相关操作。当在时间线面板中选中一个图层遮罩选项时，可以通过执行菜单中的"图层|遮罩"下的相关子命令来实现这些操作。

- 重置遮罩：当选择该项时，将把当前的遮罩转换为一个矩形的遮罩，并且将所有的图像全部显示出来。
- 移除遮罩：当选择该项时，将把当前的遮罩删除。
- 移除所有遮罩：当选择该项时，将把当前图像中的所有遮罩删除。
- 模式：用于选择遮罩的模式。其中包括"无""添加""减去""交叉""变亮""变暗"和"差值"7个选项可供选择。
- 反转：当选择该项时，将当前的遮罩效果进行反转。
- 锁定：当选择该项时，将锁定当前遮罩的效果。
- 动态模糊：用于定义遮罩动态模糊的开启和关闭。
- 解除全部遮罩锁定：选择该项时，将解锁所有锁定的遮罩。
- 锁定其他遮罩：选择该项时，将锁定所选遮罩之外的遮罩。
- 隐藏已锁定遮罩：选中该项时，将隐藏处于锁定状态的遮罩。

5.4 实例讲解

本节将通过4个实例来讲解After Effects CS6图层的混合模式、蒙版与遮罩在实际工作中的具体应用，旨在帮助读者能够理论联系实际，快速掌握图层的混合模式、蒙版与遮罩的相关知识。

5.4.1 胶片滑动效果

 要点

　　本例将制作发光胶片滑动的效果，如图5-61所示。通过学习本例，读者应掌握"对齐"面板、层混合模式、"辉光"特效的应用和"位置"关键帧的设置方法。

图5-61　胶片滑动

 操作步骤：

1. 制作"胶片"合成图像

　　（1）启动After Effects CS6，执行菜单中的"图像合成 | 新建合成组"命令，在弹出的"图像合成设置"对话框中保持默认参数，单击"确定"按钮，从而创建一个新的合成图像。

　　（2）导入素材。方法为：执行菜单中的"文件 | 导入 | 文件"命令，导入"配套光盘 | 素材

及结果 |5.4.1 胶片滑动效果 |（Footage）|胶片 .psd"图片。

提示

此时导入"胶片.psd"文件时，在弹出的对话框的"素材尺寸"下拉列表中应选择"图层大小"，如图5-62所示，这样文件会以图层大小为依据导入图片，结果如图5-63所示；如果选择"文档大小"，文件会以文档大小为依据导入图片，结果如图5-64所示。

图5-62 选择"图层大小"

图5-63 选择"图层大小"导入的效果

图5-64 选择"文档大小"导入的效果

（3）同理，导入"配套光盘|素材及结果|5.4.1 胶片滑动效果 |（Footage）|背景 .jpg"和胶片上的其他素材图片，此时"项目"窗口如图 5-65 所示。

（4）选择"项目"窗口中的"Layer1/胶片 .psd"素材图片，然后将它拖到 ▨（新建合成）图标上，从而生成一个尺寸与素材相同的合成图像。然后将其命名为"胶片"，结果如图5-66 所示。

（5）将"项目"窗口中胶片上的素材拖入"时间线"窗口，然后按键盘上的【S】键，显示"比例"属性，接着将数值设为"25%"，如图 5-67 所示，从而与胶片匹配。

（6）将胶片上的素材调整为等距。方法为：选择"时间线"窗口中的所有素材图片（背景除外），然后调出"对齐"面板，单击 ▨ 和 ▨ 按钮，如图5-68 所示，结果如图5-69 所示。

图5-65 "项目"窗口

图5-66 生成一个尺寸与"Layer1/胶片 .psd"素材图片相同的合成图像

（7）为了使胶片上的素材与胶片有机地结合，下面将所有的素材层的层混合模式设为"叠加"，如图 5-70 所示，结果如图 5-71 所示。

图5-67　将"比例"设为"25%"

图5-68　单击■■和■■按钮

图5-69　素材等距分布效果

图5-70　将层混合模式设为"叠加"

图5-71　叠加效果

2．制作"运动的胶片"合成图像

（1）将"项目"窗口中的"背景 .jpg"拖动到 ▣ （新建合成）上，从而生成一个尺寸与素材相同的合成图像，然后将其命名为"最终"。接着将"项目"窗口中的"胶片"合成图像拖入"时间线"窗口，放置在最顶层，如图 5-72 所示，结果如图 5-73 所示。

图5-72　将"胶片"放置在最顶层

图5-73　画面效果

（2）选择"胶片"层，执行菜单中的"效果|风格化|辉光"命令，添加一个"辉光"特效。然后在"特效控制台"面板中设置参数如图 5-74 所示，结果如图 5-75 所示。

图5-74　设置"辉光"参数

图5-75　"辉光"效果

（3）设置胶片运动。方法为：在"时间线"窗口中选择"胶片"层，按快捷键【P】，显示"位置"设置，然后分别在第 0 帧和第 20 帧设置关键帧参数，如图 5-76 所示。接着按小键盘上的【0】键，预览动画，即可看到胶片从左运动到右的效果，如图 5-77 所示。

图5-76　分别在第0帧和第20帧设置关键帧参数

图5-77　胶片从左运动到右的效果

（4）创建文字。方法为：在"时间线"窗口中右击，在弹出的快捷菜单中执行"新建|文字"命令，如图5-78所示。然后输入文字"数字中国 www.Chinadv.com.cn"。

（5）按小键盘上的【0】键，预览动画，结果如图5-79所示。

图5-78　选择"文字"命令

图5-79　最终效果

（6）执行菜单中的"文件|保存"命令，将文件进行保存。然后执行菜单中的"文件|收集文件"命令，将文件进行打包。

5.4.2　变色的汽车效果

要点

　　本例将制作变色的汽车动画，如图5-80所示。通过学习本例，读者应掌握▢（矩形遮罩工具）和⚲（钢笔工具）创建遮罩，以及色相位/饱和度特效的应用。

图5-80　变色的汽车

操作步骤

(1) 启动 After Effects CS6，然后执行菜单中的"文件｜导入｜文件"命令，导入"配套光盘｜素材及结果｜5.4.2 变色的汽车效果｜（Footage）｜Car.jpg"图片。

(2) 创建与素材图像尺寸相同的合成图像。方法为：选择"项目"窗口中的"Car.jpg"，然后将其拖到 ▣（新建合成）图标上，如图5-81所示。此时，After Effects CS6会自动生成尺寸与素材相同的合成图像。接着选择"项目"窗口中的合成图像，按【Enter】键，将其重命名为"变色的汽车"，此时界面如图5-82所示。

图5-81　将Car.jpg拖动到 ▣ 图标上

图5-82　界面布局

(3) 绘制汽车选区。方法为：选择 Car.jpg 层，然后按快捷键【Ctrl+D】，从而复制一个 Car.jpg2 层。接着选择该层，按【Enter】键，将其重命名为"变色"，如图5-83所示。接着选择工具栏中的 ▨ 钢笔工具，在"变色"图层上绘制汽车的形状，结果如图5-84所示。

图5-83　复制并重命名图层

图5-84　绘制汽车选区

(4) 调整汽车的颜色。方法为：选择"变色"层，然后执行菜单中的"效果｜色彩校正｜色相位／饱和度"命令，添加"色相位／饱和度"特效。接着在弹出的"特效控制台"面板中设置参数，如图5-85所示，结果如图5-86所示。

图5-85　设置"色相位/饱和度"参数

图5-86　调整"色相位/饱和度"参数后的效果

（5）制作汽车变色动画。方法为：选择最下面的 Car.jpg 层，按快捷键【Ctrl+D】一次，从而再次复制一个 Car.jpg2 图层。然后选择该层，按下【Enter】键，将其重命名为"运动"。接着将其移动到最上层，结果如图 5-87 所示。

图5-87　将"运动"层移到最上层

（6）选择工具栏中的 矩形遮罩工具，然后在"运动"层上绘制矩形，如图 5-88 所示。然后选择"运动"图层，按快捷键【M】两次，展开"遮罩"属性。接着选择"遮罩扩展"，分别在第 0 帧和第 4 秒 24 帧处插入关键帧，并设置参数如图 5-89 所示。

图5-88　绘制矩形遮罩

图5-89　插入关键帧并设置参数

（7）在"预览控制台"面板中单击▶（播放）按钮，预览动画，结果如图5-90所示。

图5-90　变色的汽车

（8）此时汽车是从绿色逐渐过渡到图片的颜色，而我们需要的是汽车从图片颜色逐渐过渡到绿色。下面就来解决这个问题。方法为：在"时间线"窗口中选择"运动"层"Mask 1"中的"反转"复选框，如图5-91所示，将遮罩反转即可。然后在"预览控制台"面板中单击▶（播放）按钮，预览动画，结果如图5-92所示。

图5-91　选择"反转"复选框

图5-92　变色的汽车效果

（9）执行菜单中的"文件|保存"命令，将文件进行保存。然后执行菜单中的"文件|收集文件"命令，将文件进行打包。

5.4.3　手写字效果1

要点

本例将利用 T（横排文字工具）、 （钢笔工具）和 （矩形遮罩工具）制作一种手写字效果，如图5-93所示。通过学习本例，读者应掌握横排文字工具、钢笔工具和矩形工具的综合应用。

图5-93　手写字效果1

操作步骤

1. 输入文字"L"

（1）启动 After Effects CS6，执行菜单中的"图像合成|新建合成组"命令，在弹出的对话框中设置相关参数，如图 5-94 所示，单击"确定"按钮，新建一个合成图像。

图5-94　设置合成图像参数

（2）选择工具栏中的 **T**（横排文字工具），在合成窗口中输入纯白色文字"L"，参数设置及效果如图 5-95 所示。

图5-95　输入文字"L"

2. 制作手写字效果

（1）选择工具栏中的 □（矩形遮罩工具），在文字"L"的上方绘制一个矩形，如图 5-96 所示。

图5-96 在文字"L"的上方绘制一个矩形

 提示

　　绘制的矩形遮罩要恰好遮挡住文字"L"的最上端。

　　（2）在时间线中选择"L"层，然后按快捷键【M】，显示出其遮罩属性，如图5-97所示。接着在第0帧记录"遮罩形状"的关键帧，如图5-98所示。

图5-97 显示出遮罩属性

图5-98 在第0帧记录"遮罩形状"的关键帧

　　（3）在第3秒记录关键帧，然后利用工具栏中的 ▶ （选择工具）调整矩形遮罩下方的两个节点的位置，使其恰好完全显示出文字"L"左侧部分，如图5-99所示。

　　（4）在第3秒，利用工具栏中的 ♦ （钢笔工具）在矩形右下方添加两个节点，如图5-100所示。

　　（5）在第4秒，利用 ▶ （选择工具）移动右下方的两个节点的位置，使之恰好完全显示出文字"L"的右侧部分，如图5-101所示。

图5-99　在第3秒调整矩形遮罩下方的两个节点的位置

图5-100　在矩形右下方添加两个节点

图5-101　在第4秒移动右下方的两个节点的位置

（6）至此，手写字效果制作完毕。下面按小键盘上的【0】键，预览动画，效果如图5-93所示。

（7）执行菜单中的"文件｜保存"命令，将文件进行保存。然后执行菜单中的"文件｜收集文件"命令，将文件进行打包。

课 后 练 习

（1）制作图5-103所示的手写字效果。参数可参考配套光盘中的"课后练习｜第5章 课后练习｜练习1.aep"文件。

图5-103　课后练习（1）效果

（2）制作图5-104所示的人物从树后跑出，穿过牛奶包装盒后变大的效果。参数可参考配套光盘中的"课后练习｜第5章 课后练习｜练习2.aep"文件。

图5-104　课后练习（2）效果

第6章

三维效果

在 After Effects CS6 中可以将一个图层转换为三维图层，并且可以按照 X 轴、Y 轴和 Z 轴的关系进行相应的处理。另外，在三维的空间中还提供了摄像机和灯光的处理，从而使整个 After Effects 的操作环境可以转换到一个标准的三维编辑空间中。通过学习本章，读者应掌握 After Effects CS6 中有关三维效果方面的相关知识和具体应用。

6.1 三维合成的概念

常规的二维图层有一个 X 轴和一个 Y 轴，X 轴定义图像的宽度，Y 轴定义图像的高度。而三维图层中还有一个 Z 轴，X 轴和 Y 轴形成一个平面，而 Z 轴与这个平面垂直。这个 Z 轴并不能定义图像的厚度，三维图层仍然是一个没有厚度的平面，不过 Z 轴可以使这个平面图像在深度的空间中移动位置，也可以使这个平面图像在三维的空间中旋转任意角度。具有三维属性的图层可以很方便的制作空间透视效果、空间的前后位置、空间的旋转角度，或者由多个平面在空间组成盒状的形状。更重要的是，三维运动的场景效果也与二维的平面有很大区别，它具有光照、阴影、三维摄像机的透视视角，可以表现出镜头焦距的变化、景深的变化等效果。

6.2 三维图层属性

1. 二 / 三维图层的转换

二 / 三维图层的转换方法有以下两种。

● 在时间线窗口中单击◉（图层三维开关）按钮，可以将一个二维图层转换为三维图层。再次单击该按钮，又可将三维图层转换为二维图层。

● 在时间线窗口中选中图层，然后执行菜单中的"图层|3D 图层"命令，即可将该图层定义为三维图层。再次执行该命令（取消选取），即可将三维图层转换为二维图层。

2. 三维图层的变换属性

将图层定义为一个三维图层后，在时间线窗口中可以看到其添加了三维属性的参数选项，如图 6-1 所示，此时可以对其进行三维属性的设置。

图6-1 三维变换属性

- 定位点的 Z 轴向：用于将轴心点在图层平面的前后移动。
- 位置中的 Z 轴向：用于将图层画面在深度空间前后移动。
- 比例中的 Z 轴向：由于三维图层仍然是一个平面，没有厚度，通常调整 Z 轴向的比例并不会对其产生影响，但将该图层轴心点的 Z 轴数值改变到图层的平面之外时，对 Z 轴向的比例缩放会对图层与轴心点的距离大小产生影响。
- 方向：用于在 X、Y、Z 轴三个轴向设置旋转方向，取值范围为 0 ~ 360 之间。
- X 轴旋转：用于设置 X 轴向的旋转角度。
- Y 轴旋转：用于设置 Y 轴向的旋转角度。
- Z 轴旋转：用于设置 Z 轴向的旋转角度。

提示

可以利用三维图层在空间的位置和旋转制作由6个面组成的立方体，而此时的合成最好以方形像素的方式进行制作，可以减小由高宽比例带来的误差。

3. 三维图层的质感属性

三维图层的"质感选项"，如图 6-2 所示。它是与灯光有关的设置，而灯光的投影设置需要与图层中的材质设置相配合。

图6-2 三维图层的材质属性

- 投射阴影：用于打开或关闭投影效果。投影即由灯光照射引起，在其他图层上产生投射阴影。
- 照明传输：用于设置灯光穿过图层的百分比数值，通过这个参数设置可以用来模拟灯光穿过毛玻璃的效果。
- 接受阴影：用于设置打开或关闭接受其他图层投射的阴影。
- 接受照明：用于设置打开或关闭接受灯光的照射。
- 环境：用于设置层对环境灯光的反射率，数值为100%时反射率最大，数值为0%时没有反射。
- 扩散：用于设置层上光的漫射率，数值为100%时漫射率最大，数值为0%时漫射率最小。
- 镜面高光：用于设置层上镜面反射高光的强度，高光的反射强度随百分比数值大小的增减而增减。
- 光泽：用于设置层上高光的大小，其与百分比数值的变化成反比，数值为100%时发光最小，数值为0%时发光最大。
- 质感：用于设置层上镜面高光的颜色，当数值为100%时为层的颜色，当数值为0%时为光源的颜色。

6.3 摄 像 机

1. 创建不同预置的摄像机

创建自定义摄像机的操作步骤为：执行菜单中的"图层|新建|摄像机"命令，或者在时间线窗口的空白处右击，从弹出的快捷菜单中选择"新建|摄像机"命令，然后在弹出的图6-3所示的"摄像机设置"对话框中设置相应参数后，单击"确定"按钮，即可建立一个摄像机图层。

图6-3 "摄像机设置"对话框

- 名称：用于定义新建摄像机的名称。

- 预置：在右侧下拉菜单中预置了多种透镜参数组合，每个预置都有不同的视角、距离、焦距和光圈等参数组合。
- 变焦：用于设置摄像机位置与视图面的距离。
- 胶片尺寸：用于模拟摄像机所使用的胶片大小，从而与合成画面的大小相匹配。
- 视角：视角的大小由焦距、胶片尺寸和变焦设置所决定，也可以自定义这个数值，使用宽视角或窄视角。
- 启用景深：用于建立真实的摄像机调焦效果。选中该复选框后，可以设置摄像机的"焦距"等与景深设置有关的参数，可以将焦点范围之外的图像模糊。
- 焦距：用于设置胶片到摄像机的距离。
- 固定变焦：选中该复选框后，可以使焦距和缩放值的大小匹配。
- 焦长：用于定义从摄像机开始到图像最清晰位置的距离。
- 单位：在右侧的下拉列表中有"像素""英寸"和"毫米"3个选项可供选择。
- 测量胶片大小：用于测量合成画面的水平宽度、垂直高度或对角线的大小。
- 孔径：用于定义焦距到光圈的比例。该项只有在选中"启用景深"复选框时有效。
- 光圈值：用于定义光圈。该项只有在选中"景深"复选框时有效。在 After Effects 中光圈与曝光没有关系，仅仅影响景深。
- 模糊层次：用于控制景深的模糊程度，数值越大，效果越模糊。该项只有在选中"启用景深"复选框时有效。

2．摄像机视图操作

在 After Effects CS6 中的合成预览视图的下方，有一个视图类型的下拉选项，可以从中选择不同的视图方式，也可以执行菜单中的"视图|3D视图切换"命令中的子命令，来切换视图。

3．摄像机的焦距调整

在时间线窗口中展开"摄像机选项"，如图6-4所示，然后调整"缩放""景深""焦距""孔径"和"模糊层次"等数值可以对摄像机的相关参数进行进一步设置。

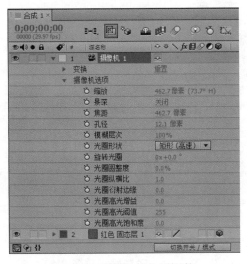

图6-4 摄像机的焦距调整

6.4 灯 光

1. 创建不同类型的照明灯光

在进行三维图层的合成时，可以通过建立灯光层为三维图层应用光照和阴影效果。创建灯光层的操作步骤为：执行菜单中的"图层 | 新建 | 照明"命令，或者在时间线窗口的空白处右击，从弹出的快捷菜单中选择"新建 | 照明"命令，在弹出如图6-5所示的"照明设置"对话框中设置相应参数后，单击"确定"按钮，即可建立一个照明图层。

- 名称：用于设置灯光的名称。
- 设置：用于设置灯光的参数。
- 照明类型：用于选择照明的类型。在右侧的下拉列表中有"平行光""聚光灯""点光"和"环境"4个选项可供选择。
- 颜色：用于定义灯光的颜色。
- 强度：用于定义创建的灯光亮度，数值越大，灯光越亮。
- 圆锥角：用于定义光照的范围。该项只有在选择"聚光灯"照明类型下才可使用。
- 锥角羽化：用于定义光照边缘的羽化程度，数值越大，边缘越虚化。该项只有在选择"聚光灯"照明类型下才可使用。
- 投射阴影：选中该复选框后，灯光才能对图层对象产生投影效果，反之，图层将无法出现投影的效果。
- 阴影暗度：用于设置投影的黑暗程度。
- 阴影扩散：用于定义阴影边缘的羽化程度。

在建立了灯光后，可以在时间线窗口中查看照明层的相关参数，如图6-6所示。

图6-5 "照明设置"对话框

图6-6 照明层的相关参数

- 变换：用于设置目标点、位置、方向和旋转角度等参数。

● 照明选项：用于设置灯光的类型及相关设置。

不同的灯光类型，在照明层下有不同的参数选项，如图 6-7 所示。在合成视图中显示的灯光图标也不同。其中"平行光"显示为 ，"聚光灯"显示为 ，"点光"显示为 ，"环境光"无图标显示。当在同一场景中建立多个灯光时，需要适当降低灯光的强度，避免曝光。

平行光

聚光灯

点光

环境光

图6-7　不同的灯光类型有不同的参数选项

2．灯光与三维图层的投影设置

灯光可以产生阴影效果，而默认情况下投影效果是不显现的，如果要产生投影效果需要设置以下三个参数。

● 将照明层中的"投射阴影"设为"打开"状态，如图 6-8 中 A 所示。
● 将产生阴影的三维图层的"投射阴影"设为"打开"状态，如图 6-8 中 B 所示。
● 将接收阴影的三维图层中的"接受阴影"设为"打开"状态，如图 6-8 中 C 所示。

图 6-9 为设置投影相关参数后产生的投影效果。

3．三维场景的布光效果

在专业演播室中可以看到很多灯光设备，有主持人对面的主光灯，侧前方的辅光灯，头顶上的顶光灯，从背景向前反打的轮廓灯等。在三维场景中的灯光同样也需要有一定的布光技巧，通常可以使用一个主光灯、一个辅光灯加一个全局照明的模式，另外还可以根据需要增减灯光。

图6-8　设置投射阴影的参数　　　　　　图6-9　投射阴影的效果

6.5　实　例　讲　解

本节将通过2个实例来讲解三维灯光效果在实际工作中的具体应用，旨在帮助读者能够理论联系实际，快速掌握三维灯光层和灯光效果的相关知识。

6.5.1　灯光投影效果

要点

本例将利用After Effects CS6自身的特效，制作天空中飘动的白云以及动态的水中倒影效果，如图6-10所示。通过学习本例，读者应掌握"分形噪波""色阶""浅色调""线性色键""快速模糊"和"置换映射"特效的综合的应用。

图6-10　跳动的文字效果

操作步骤

1. 建立场景

（1）启动 After Effects CS6，执行菜单中的"图像合成｜新建合成组"命令，在弹出的对话框中设置参数，如图 6-11 所示，单击"确定"按钮。

图6-11 设置合成图像参数

（2）创建文字。方法：执行菜单中的"图层｜新建｜文字"命令，然后在合成图像中输入白色文字 LPX，参数设置及效果如图 6-12 所示。

图6-12 输入文字LPX

（3）创建地面。方法：执行菜单中的"图层｜新建｜固态层"命令，在弹出的"固态层设置"对话框中输入"名称"为"地面"，"颜色"为 RGB（175，175，175），单击"制作为合成大小"按钮，如图 6-13 所示，再单击"确定"按钮，从而创建一个与合成图像等大的固态层。

图6-13　设置固态层参数

（4）选择"地面"层，将其移动到LPX文字层下方，作为地面。然后打开这两个层的三维显示开关，如图6-14所示。接着展开它们的属性，设置它们的"X轴旋转"均为"0x-90°"，再分别设置LPX层"质感选项"下的"投射阴影"为"打开"，"地面"层的位置为（360.0，400.0，0.0），如图6-15所示，此时效果如图6-16所示。

图6-14　打开三维显示开关　　　　　　　　　图6-15　设置属性

（5）添加摄像机。方法：执行菜单中的"图层|新建|摄像机"命令，然后在弹出的"摄像机设置"对话框中设置"预置"为35毫米，如图6-17所示。单击"确定"按钮。接着在时间线中展开"摄像机1"的属性，设置"目标兴趣点"为（320，100，-200），"位置"为（360，

-200，-1200），如图 6-18 所示，效果如图 6-19 所示。

图6-16 调整三维图层参数后的显示效果

图6-17 设置"预置"为35毫米

图6-18 设置摄像机的"目标兴趣点"和"位置"参数

图6-19 调整参数后的效果

2．制作灯光效果

（1）创建"照明1"灯光。方法：执行菜单中的"图层|新建|照明"命令，然后在弹出的"照明设置"对话框中设置参数如图6-20所示，单击"确定"按钮。接着在时间线中设置"照明 1"的位置为（100，-100，0），效果如图6-21所示。

图6-20　设置"照明1"的参数　　　　　图6-21　设置"照明1"的参数后的效果

（2）创建"照明2"灯光。方法：执行菜单中的"图层|新建|照明"命令，然后在弹出的"照明设置"对话框中设置参数，如图6-22所示，单击"确定"按钮。接着在时间线中设置"照明 2"的位置为（320，-100，0），效果如图6-23所示。

图6-22　设置"照明2"的参数　　　　　图6-23　设置"照明2"的参数后的效果

（3）创建"照明3"灯光。方法：执行菜单中的"图层|新建|照明"命令，然后在弹出的"照明设置"对话框中设置参数，如图6-24所示，单击"确定"按钮。接着在时间线中设置"照明3"的位置为（620，-100，0），效果如图6-25所示。

图6-24 设置"照明3"的参数　　　　　图6-25 设置"照明3"的参数后的效果

（4）至此，灯光投影效果制作完毕。下面执行菜单中的"文件｜保存"命令，将文件进行保存。然后执行菜单中的"文件｜收集文件"命令，将文件进行打包。

6.5.2　三维光栅

要点

　　本例将制作变化的三维光栅效果，如图6-26所示。通过学习本例，读者应掌握"分形噪波""色阶""快速模糊""更改颜色""编号"和"辉光"特效，摄像机动画，层模式，三维空间和嵌套层的应用。

图6-26 三维光栅

操作步骤

1. 创建"光栅"合成图像

（1）启动 After Effects CS6，执行菜单中的"图像合成｜新建合成组"命令，在弹出的"图像合成设置"对话框中设置参数，如图 6-27 所示，单击"确定"按钮，从而创建一个新的合成图像。

（2）执行菜单中的"图层｜新建｜固态层"命令，在弹出的"固态层设置"窗口中设置参数，如图 6-28 所示，单击"确定"按钮，新建一个固态层。

图6-27　设置合成图像参数

图6-28　设置固态层参数

（3）制作灰度线条。方法为：在"时间线"窗口中选择 ray 层，然后执行菜单中的"效果｜噪波与颗粒｜分形噪波"命令，添加"分形噪波"特效。接着在"特效控制台"面板中设置参数，如图 6-29 所示，结果如图 6-30 所示。

图6-29　设置"分形噪波"参数

图6-30　灰度线条效果

（4）设置灰色线条水平方向的动画效果。方法为：分别在第 0 帧和第 9 秒 24 帧，设置"附加偏移"和"演变"属性关键帧参数，如图 6-31 所示，结果如图 6-32 所示。

图6-31　设置"附加偏移"和"演变"属性关键帧参数

第0帧

第9秒24帧

图6-32　不同帧的画面效果

提示

这一步的目的是产生随机变化的灰度线条。

（5）此时黑白线条过于密集，下面将黑白线条变得稀疏一些。方法为：在"时间线"窗口中，选择 ray 层，执行菜单中的"效果 | 色彩校正 | 色阶"命令，添加"色阶"特效。然后在"色阶"效果控制面板中，设置参数及效果，如图 6-33 所示。

图6-33　设置"色阶"参数及效果

（6）制作发光效果。方法为：在"时间线"窗口中继续选择 ray 层，执行菜单中的"效果｜风格化｜辉光"命令，添加"辉光"特效。然后在"效果控制"面板中设置参数及效果，如图 6-34 所示。

图6-34　设置"辉光"参数及效果

 提示

在"时间线"窗口播放合成图像，光线就开始了运动。

（7）执行菜单中的"图层｜新建｜固态层"命令，在弹出的"固态层设置"窗口中设置参数，如图 6-35 所示，单击"确定"按钮，从而新建一个固态层。

图6-35　设置固态层参数

（8）为了使画面看起来更加丰富多彩，下面使用"编号"特效，为其加上随机变化的数字。方法为：在"时间线"窗口中选择 text 层，执行菜单中的"效果｜文字｜编号"命令，然后在弹出"编号"效果控制面板中设置参数及结果，如图 6-36 所示。

图6-36 设置"编号"参数及效果

（9）制作多个文字效果。方法为：在"编号"效果控制面板中，选择"编号"效果，然后按快捷键【Ctrl+D】，将"编号"效果复制5次，这样就创建了6个"编号"效果。接着分别展开复制的5个"编号"效果，选中"合成于原始素材之上"复选框，再分别改变"值／偏移／最大随机值"的值，依次将该值设为"20000""25000""5000""1500"和"4500"。最后改变这6个"编号"效果在合成窗口中的位置，结果如图6-37所示。

图6-37 多个文字效果

（10）制作文字发光效果。方法为：在"时间线"窗口的text图层上执行菜单中的"效果｜风格化｜辉光"命令，添加"辉光"特效。然后在"特效控制台"面板中，设置参数及效果，如图6-38所示。

图6-38 设置"辉光"参数及效果

提示

为了使图层的立体感更强一些，需要将前面做过的ray图层及text图层各复制2个，并且将所有图层的空间关系由二维变成三维，改变它们在Z轴方向上的坐标值，从而在纵深方向上有不同的位置。

(11) 在"时间线"窗口中，选择 ray 层及 text 层，按快捷键【Ctrl+D】，再分别复制 2 层。然后单击 (三维图层) 图标，将 1～5 层的层模式设为"添加"模式。接着按键盘上的【P】键，显示并调整"位置"属性，如图 6-39 所示，从而形成多重文字和光线效果，如图 6-40 所示。

图6-39　将复制层转换为三维层并将层模式设为"添加"　　　图6-40　"添加"效果

(12) 制作文字位移动画。方法为：在"时间线"窗口中分别选择"text""text1"和"text2"层，然后分别在第 0 帧和第 9 秒 24 帧设置"位置"关键帧，并调整参数如图 6-41 所示。接着按键盘上的【0】键，预览动画，即可看到文字移动动画，如图 6-42 所示。

图6-41　分别在第0帧和第9秒24帧设置"位置"关键帧

第0帧　　　　　　　　　　　　　　　　第9秒24帧

图6-42　不同帧的画面效果

2. 创建"最终"合成图像

(1)执行菜单中的"图像合成|新建合成组"命令,创建一个新的合成图像,然后在弹出的"图像合成设置"对话框中设置参数,如图6-43所示,单击"确定"按钮,完成设置。

(2)将"光栅"从"项目"窗口中拖入"最终"窗口中,使之成为"最终"的一个嵌套图层。

(3)将"光栅"嵌套层改名为"X",然后选择"X"层,按快捷键【Ctrl+D】,从而将"X"图层再复制两个,分别改名为"Y""Z"。

(4)将"X"层、"Y"层、"Z"层的三维图层开关打开,使它们成为三维图层。

(5)在"时间线"窗口中,将"Z"层的"Y轴旋转"设为90°,将"Y"层的"Z轴旋转"设为90°,其他属性保持不变,如图6-44所示。

图6-43 设置合成图像参数

图6-44 设置旋转参数

(6)在"时间线"窗口中,分别将"Y"层及"Z"层的层模式设为"添加"模式,结果如图6-45所示。

(7)执行菜单中的"文件|导入|文件"命令,导入配套光盘中的"素材及结果|6.5.2三维光栅|(Footage)|Ray.jpg"文件,如图6-46所示。然后将Ray.jpg图像从"项目"窗口中拖入"最终"窗口中,放在最底层,主要是丰富一下画面的色彩。

图6-45 "添加"效果

图6-46 Ray.jpg图像

(8)隐藏Ray.jpg以外的其他层,然后在"时间线"窗口中选择Ray.jpg层,执行菜单中的"效果|色彩校正|更改颜色"命令,添加"更改颜色"特效。接着设置参数如图6-47所示,效果

如图 6-48 所示。

图6-47　设置"更改颜色"参数

图6-48　"更改颜色"效果

（9）使用模糊命令，将图像变得模糊，使色彩分布均匀一些。方法为：执行菜单中的"效果｜模糊与锐化｜快速模糊"命令，添加"快速模糊"特效。然后在"特效控制台"面板中，设置参数如图 6-49 所示，效果如图 6-50 所示。接着重新显示出其他层，效果如图 6-51 所示。

图6-49　设置"快速模糊"参数

图6-50　快速模糊效果

图6-51　显示出其他层效果

（10）执行菜单中的"图层｜新建｜摄像机"命令，新建一部摄像机，设置如图 6-52 所示，单击"确定"按钮，完成设置。

（11）在"时间线"窗口中，展开"摄像机 1"中的"变换"属性，将时间线移至第 0 帧的位置，单击"目标兴趣点"及"位置"属性左侧的关键帧记录器，选择工具栏中的 摄像机角度移动工具，将鼠标指针放在合成窗口中，按下鼠标的同时向右上角拖动，使摄像机的镜头焦点对准合成图像的左下角部分，摄像机镜头将从左下角开始；将时间线移至第 9 秒 24 帧的位置，再次使用 摄像机角度移动工具，按住鼠标的同时向左下角移动。此时时间线关键帧分布，如图 6-53 所示。

图6-52 设置摄像机参数

图6-53 关键帧分布

（12）按小键盘上的【0】键预览动画，效果如图6-54所示。

图6-54 最终效果

（13）执行菜单中的"文件 | 保存"命令，将文件进行保存。然后执行菜单中的"文件 | 收集文件"命令，将文件进行打包。

课 后 练 习

（1）制作图6-55所示的三维光环效果。参数可参考配套光盘中的"课后练习 | 第6章 课后练习 | 练习1.aep"文件。

图6-55　课后练习（1）效果

（2）制作图6-56所示的动态的灯光投影效果的效果。参数可参考配套光盘中的"课后练习 | 第6章 课后练习 | 练习2.aep"文件。

图6-56　课后练习（2）效果

第7章

调色效果

在视频制作过程中，对于画面颜色的调色处理是一项很重要的内容，有时直接影响效果的成败。利用 After Effects CS6 中色彩校正的相关命令，可以对色彩不好的画面进行颜色的修补，也可以对色彩正常的画面进行调整，使其更加出彩。通过学习本章，读者应掌握 After Effects CS6 调色方面的相关知识和具体应用。

7.1 色彩校正特效

"色彩校正"特效组包括"CC 调色""CC 卷积核""CC 色彩偏移""CC 色彩中和器""Gamma/基准/增益""PS 任意贴图""彩色光""独立色阶控制""分色""更改颜色""广播级颜色""黑白""亮度与对比度""曝光""浅色调""曲线""三色调""色彩均化""色彩链接""色彩平衡""色彩平衡（HLS）""色彩稳定器""色阶""色相位/饱和度""特定颜色选择""通道混合""阴影/高光""照片滤镜""转换颜色""自动电平""自动对比度""自动颜色"和"自然饱和度"33 种特效，如图 7-1 所示。根据工作需要，可以利用这些"色彩校正"特效组中的相关特效，对视频画面进行各种调色处理。下面就来讲解其中常用的有代表性的几种特效。

1. "CC 调色"特效

"CC 调色"特效可以对图像中的亮调、中间调和暗色调进行颜色的重新匹配。当将"CC 调色"特效添加到一个图层中时，在"特效控制台"面板中会出现"CC 调色"特效的相关参数，如图 7-2 所示。

"CC 调色"特效的主要参数解释如下。

- 色调：用于定义图像中的可调整的颜色。在右侧下拉列表框中有"双色调""三色调""全色调"和"纯色调"4 个选项可供选择。
- 高亮：用于定义图像中高光部分的颜色。单击右侧的

图7-1 "色彩校正"特效组

图7-2 "CC调色"特效的参数面板

— 109 —

颜色按钮，从弹出的"颜色"对话框中可以选择高光的颜色。也可以单击右侧的 ![] （吸管工具）后在屏幕中直接吸取要使用的颜色。

- 明亮：用于定义图像明亮部分的颜色。单击右侧的颜色按钮，从弹出的"颜色"对话框中可以选择明亮的颜色。也可以单击右侧的 ![] （吸管工具）后在屏幕中直接吸取要使用的颜色。

- 中间调：用于定义图像中中间调部分的颜色。单击右侧的颜色按钮，从弹出的"颜色"对话框中可以选择中间调的颜色。也可以单击右侧的 ![] （吸管工具）后在屏幕中直接吸取要使用的颜色。

- 暗色调：用于定义图像中暗调部分的颜色。单击右侧的颜色按钮，从弹出的"颜色"对话框中可以选择暗调的颜色。也可以单击右侧的 ![] （吸管工具）后在屏幕中直接吸取要使用的颜色。

- 阴影：用于定义图像中阴影部分的颜色。单击右侧的颜色按钮，从弹出的"颜色"对话框中可以选择阴影的颜色。也可以单击右侧的 ![] （吸管工具）后在屏幕中直接吸取要使用的颜色。

- 与原始图像混合：用于设置调整后的图像和原图像的混合比例。

图 7-3 为对图像使用"CC 调色"特效进行调色前后的效果比较。

使用"CC调色"特效调色前 　　　　　　　　　　使用"CC调色"特效调色后

图7-3　对图像使用"CC调色"特效进行调色前后的效果比较

2. "CC 色彩偏移"特效

"CC 色彩偏移"特效可以对图像中各个通道的信息进行颜色色相的偏移调整。当将"CC 色彩偏移"特效添加到一个图层中时，在"特效控制台"面板中会出现"CC 色彩偏移"特效的相关参数，如图 7-4 所示。

"CC 色彩偏移"特效的主要参数解释如下。

- 红色相位：用于调整红色通道的偏移角度。
- 绿色相位：用于调整绿色通道的偏移角度。
- 蓝色相位：用于调整蓝色通道的偏移角度。

图7-4　"CC色彩偏移"特效的参数面板

- 溢出：用于定义当颜色出现溢出现象时进行处理的方法。在右侧的下拉列表中有"包围""曝光过度"和"偏振"3个选项可供选择。

图7-5为对图像使用"CC色彩偏移"特效进行调色前后的效果比较。

使用"CC色彩偏移"特效调色前　　　　　　　　　使用"CC色彩偏移"特效调色后

图7-5　对图像使用"CC色彩偏移"特效进行调色前后的效果比较

3. "PS任意贴图"特效

"PS任意贴图"特效主要用来调整图像色调的亮度级别，可以通过调用Photoshop软件中的图像文件来调节图层的亮度值，或重新映射一个专门的亮度区域来调整明暗的色调。该特效主要用来兼容被早期版本After Effects软件中的任意贴图特效处理过的文件。当将"PS任意贴图"特效添加到一个图层中时，在"特效控制台"面板中会出现"PS任意贴图"特效的相关参数，如图7-6所示。

"PS任意贴图"特效的主要参数解释如下。

图7-6　"PS任意贴图"特效的参数面板

- 相位：用于定义要调整的图像颜色相位。
- 应用相位贴图到Alpha：选中该复选框，将应用外部的相位图到该层的Alpha通道中。如果不包含Alpha通道，则系统将对Alpha通道使用默认设置。

图7-7为对图像使用"PS任意贴图"特效进行调色前后的效果比较。

使用"PS任意贴图"特效调色前　　　　　　　　　使用"PS任意贴图"特效调色后

图7-7　对图像使用"PS任意贴图"特效进行调色前后的效果比较

4. "彩色光"特效

"彩色光"特效可以将图像中的取样颜色转换为多种颜色，并且能够用关键帧来控制色彩变化，实现彩光、霓虹灯的效果。当将"彩色光"特效添加到一个图层中时，在"特效控制台"面板中会出现"彩色光"特效的相关参数，如图 7-8 所示。

"彩色光"特效的主要参数解释如下。

- 获取相位自：用于选择以哪个图像通道的数值来产生彩色部分。在右侧的下拉列表中有"强度"、"红"、"绿"、"蓝"、"色调"、"亮度"、"饱和度"、"值"、Alpha 和"零"10 个选项可供选择。
- 添加相位：用于选择素材层来与原图像合成出新色彩。
- 添加相位自：用于选择需要添加色彩的通道类型。在右侧的下拉列表中有"强度"、"红"、"绿"、"蓝"、"色调"、"亮度"、"饱和度"、"值"、Alpha 和"零"10 个选项可供选择。
- 添加模式：用于选择色彩的添加模式。
- 相位移位：用于设置相位的位移量。
- 输出循环：用于定义色彩输出风格化类型。After Effects CS6 自带了 33 种预置调色板，此外还可以通过"输出循环"色彩调节圆盘来对色彩区进行更细致的调整。
- 循环反复：用于定义设置颜色的混合次数。

图7-8　"彩色光"特效的参数面板

- 调色板插值：当选中该复选框时将按照 256 种颜色来选取颜色范围。
- 修改：可以针对各个通道来调整颜色。该项中的选项可以控制影响色彩的通道。
- 像素选择：用于整体上设置合成颜色部分的某个色彩对原图像的影响程度。
- 匹配色：用于定义匹配色彩的像素颜色。
- 匹配宽容度：用于定义匹配像素的容差值，数值越大，影响范围越大。
- 匹配柔和度：用于定义受特效影响的像素与未受影响的像素之间的过渡，数值越大，效果越柔和。
- 匹配模式：用于定义匹配的相关模式。在右侧下来列表中有"关"、RGB、"色调"和"色度"4 个选项可供选择。
- 遮罩层：用于定义一个蒙版层。
- 遮罩模式：用于定义蒙版的模式，从而控制色彩的影响范围。在右侧的下拉列表中有"关"、"强度"、Alpha、"反转强度"和"反转 Alpha"5 个选项可供选择。
- 与原始图像混合：用于定义效果图层与原图层的混合程度。

图 7-9 为对图像使用"彩色光"特效进行调色前后的效果比较。

使用"彩色光"特效调色前

使用"彩色光"特效调色后

图7-9　对图像使用"彩色光"特效进行调色前后的效果比较

5."独立色阶控制"特效

"独立色阶控制"特效与"色阶"特效的功能基本相同，只不过将参数分散到了各个通道。当将"独立色阶控制"特效添加到一个图层中时，在"特效控制台"面板中会出现"独立色阶控制"特效的相关参数，如图 7-10 所示。

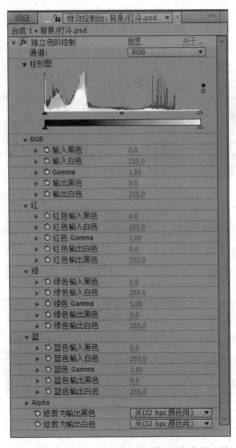

图7-10　"独立色阶控制"特效的参数面板

"独立色阶控制"特效的主要参数解释如下。

- 通道：用于定义要编辑的通道。在右侧的下拉列表中有RGB、"红"、"绿"、"蓝"和Alpha 5个选项可供选择。
- 柱形图：用于显示当前画面的色阶属性。通过调整相应的滑块可对该图像进行调整。
- 输入黑色：用于设置输入图像黑色数值的极限值。默认的数值范围为0.0 ~ 255.0。
- 输入白色：用于设置输入图像白色数值的极限值。
- Gamma：用于设置灰色系统的数值。默认的数值范围为0.00 ~ 5.00。
- 输出黑色：用于定义输出图像黑色数值的极限值。
- 输出白色：用于定义输出图像白色数值的极限值。
- 红色 \ 绿色 \ 蓝色输入黑色：用于定义输入红色 \ 绿色 \ 蓝色通道黑场数值的极限值。
- 红色 \ 绿色 \ 蓝色输入白色：用于定义输入红色 \ 绿色 \ 蓝色通道白场数值的极限值。
- 红色 \ 绿色 \ 蓝色Gamma：用于定义红色 \ 绿色 \ 蓝色通道灰度系统的数值。
- 红色 \ 绿色 \ 蓝色输出黑色：用于定义输出红色 \ 绿色 \ 蓝色通道黑场数值的极限值。
- 红色 \ 绿色 \ 蓝色输出白色：用于定义输出红色 \ 绿色 \ 蓝色通道白场数值的极限值。
- 修剪为输出黑色：用于定义消减输出黑场的方式。
- 修剪为输出白色：用于定义消减输出白场的方式。

图7-11为对图像使用"独立色阶控制"特效进行调色前后的效果比较。

使用"独立色阶控制"特效调色前　　　　　　　　　使用"独立色阶控制"特效调色后

图7-11　对图像使用"独立色阶控制"特效进行调色前后的效果比较

6. "分色"特效

"分色"特效用于消除颜色，或者删除图层中的其他颜色。当将"分色"特效添加到一个图层中时，在"特效控制台"面板中会出现"分色"特效的相关参数，如图7-12所示。

"分色"特效的主要参数解释如下。

- 脱色数量：用于定义消除颜色的程度。当数值为100%时，消除的颜色将会显示为灰色。
- 颜色分离：用于定义在屏幕中要保留的颜色。
- 宽容度：用于定义保留颜色的容差量，数值越大，可以包含的颜色越多。

图7-12 "分色"特效的参数面板

- 边缘羽化：用于定义变化边缘的柔化程度，数值越大，边缘越柔和。
- 匹配色：用于定义进行颜色匹配的方式。在右侧的下拉列表中有"使用RGB"和"使用色相"两个选项可供选择。

图7-13为对图像使用"分色"特效进行调色前后的效果比较。

使用"分色"特效调色前　　　　　　　　　　　　　使用"分色"特效调色后

图7-13　对图像使用"分色"特效进行调色前后的效果比较

7. "更改颜色"特效

"更改颜色"特效的主要功能是改变图像中颜色区域的色调、饱和度和亮度。可以通过指定某一个基色和设置相似值来确定需要改变颜色的区域，相似值包括RGB色彩、色调和色彩浓度的相似值。当将"更改颜色"特效添加到一个图层中时，在"特效控制台"面板中会出现"更改颜色"特效的相关参数，如图7-14所示。

图7-14　"更改颜色"特效的参数面板

"更改颜色"特效的主要参数解释如下。

- 查看：用于定义在合成窗口中查看效果的方式。在右侧的下拉列表中有"校正层"和"色彩校正遮罩"两个选项可供选择。如果选择"校正层"，将显示颜色校正后的图层效果；如果选择"色彩校正遮罩"，将显示颜色校正的遮罩部分。
- 色调变换：用于定义所选颜色区域的颜色校正度。其取值范围为−1800～1800。
- 饱和度变换：用于定义所选颜色区域的饱和度。其取值范围为−100～100。
- 颜色更改：用于定义图像中要替换的颜色。
- 匹配宽容度：用于定义进行颜色匹配时的容差范围。数值越大，可以匹配的颜色区域就越大。

- 匹配柔和度：用于定义匹配颜色边缘的柔化程度。
- 匹配色：用于定义进行颜色匹配的方式。在右侧的下拉列表中有"使用RGB""使用亮度"和"使用色调"3个选项可供选择。
- 反转色彩校正遮罩：选中该复选框，将对当前颜色调整遮罩的区域进行反转。

图7-15为对图像使用"更改颜色"特效进行调色前后的效果比较。

使用"更改颜色"特效调色前　　　　　　　　　　使用"更改颜色"特效调色后

图7-15　对图像使用"更改颜色"特效进行调色前后的效果比较

8."广播级颜色"特效

"广播级颜色"特效用于将视频素材制作成播出节目时，校正广播级的颜色和亮度。由于电视信号发射带宽的限制，如我国使用的PAL制式发射信号为8MHz带宽，美国和日本使用的NTSC发射信号为6MHz，其中还包括音频的调制信号，进一步限制了带宽的应用。所以我们在计算机上看到的所有颜色和亮度并不是都可以反映在最终的电视信号上，而且一旦亮度和颜色超标，会干扰到电视信号中的音频而出现杂音。使用"广播级颜色"特效则可以解决这个问题。当将"广播级颜色"特效添加到一个图层中时，在"特效控制台"面板中会出现"广播级颜色"特效的相关参数，如图7-16所示。

"广播级颜色"特效的主要参数解释如下。

- 本地电视制式：用于定义需要的广播标准制式。在右侧的下拉列表中有PAL和NTSC两个选项可供选择。
- 如何控制色彩：用于定义减小信号幅度的方式。在右侧的下拉列表中有"降低亮度""降低色饱和度""非安全切断"和"安全切断"4个选项可供选择。如果选择"降低亮度"，将减少素材的相应亮度；如果选择"降低色饱和度"，将减少素材的相应饱和度；如果选择"非安全切断"，将会使不安全的像素变为透明；如果选择"安全切断"，将会使安全的像素变为透明。
- IRE：用于定义信号振幅的最大数值。其取值范围为90～120。

9."亮度与对比度"特效

"亮度与对比度"特效用于调整画面的亮度和对比度，可以同时调整所有像素的高亮、暗部和中间色，不能对单一通道进行调节，对画面的调节简单而有效。当将"亮度与对比度"特效添加到一个图层中时，在"特效控制台"面板中会出现"亮度与对比度"特效的相关参数，如图7-17所示。

图7-16 "广播级颜色"特效的参数面板 　　图7-17 "亮度与对比度"特效的参数面板

"亮度与对比度"特效的主要参数解释如下。

- 亮度：用于定义图像中的亮度。数值越大，亮度越高。
- 对比度：用于定义图像中的对比度。数值越大，对比度越强。

图7-18 为对图像使用"亮度与对比度"特效进行调色前后的效果比较。

　　使用"亮度与对比度"特效调色前　　　　　使用"亮度与对比度"特效调色后

图7-18 对图像使用"亮度与对比度"特效进行调色前后的效果比较

10."曝光"特效

"曝光"特效用于调节画面曝光程度，可以对RGB通道分别曝光。当将"曝光"特效添加到一个图层中时，在"特效控制台"面板中会出现"曝光"特效的相关参数，如图7-19所示。

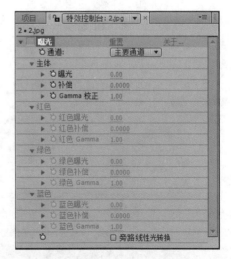

"曝光"特效的主要参数解释如下。

- 通道：用于定义要进行调整的通道。在右侧的下拉列表中有"主要通道"和"个别通道"两个选项可供选择。
- 主体：用于对图层中的所有通道统一进行调整。该项只有在选择"主要通道"选项的情况下才可用。
  - 曝光：用于定义图像中整体的曝光率。
  - 补偿：用于定义图像中整体色相的偏移量。
  - Gamma校正：用于调整图像中整体灰度值。

图7-19 "曝光"特效的参数面板

- 红色／绿色／蓝色：用于对图层中的红色／绿色／蓝色通道进行单独的调整。该项只有在选择"个别通道"选项的情况下才可用。其下的参数可分别对单个通道中的曝光、补偿和Gamma参数进行设置。

图7-20为对图像使用"曝光"特效进行调色前后的效果比较。

使用"曝光"特效调色前　　　　　　　　　　使用"曝光"特效调色后

图7-20　对图像使用"曝光"特效进行调色前后的效果比较

11. "浅色调"特效

"浅色调"特效用于调整图像中包含的颜色信息，在图像的最亮和最暗处之间确定融合度。图像中的黑色像素被映射到"映射黑色到"项指定的颜色，白色像素被映射到"映射白色到"项指定的颜色，介于两者之间的颜色被赋予对应的颜色值。当将"浅色调"特效添加到一个图层中时，在"特效控制台"面板中会出现"浅色调"特效的相关参数，如图7-21所示。

图7-21　　"曝光"特效的参数面板

"浅色调"特效的主要参数解释如下。

● 映射黑色到：用于定义要映射到黑场部分的颜色。

● 映射白色到：用于定义要映射到白场部分的颜色。

● 着色数值：用于定义特效的强度。

图7-22为对图像使用"浅色调"特效进行调色前后的效果比较。

使用"浅色调"特效调色前　　　　　　　　　　使用"浅色调"特效调色后

图7-22　对图像使用"浅色调"特效进行调色前后的效果比较

12. "曲线" 特效

"曲线" 特效用于调整图像的色调曲线，与 Photoshop 中的曲线控制功能十分相似，可对图像的各个通道进行控制，可用 0 ~ 255 级灰阶调节图像的色调范围。使用 "色阶" 特效也可完成同样的工作，但是 "曲线" 的控制能力更强。当将 "曲线" 特效添加到一个图层中时，在 "特效控制台" 面板中会出现 "曲线" 特效的相关参数，如图 7-23 所示。

"曲线" 特效的主要参数解释如下。

- 通道：用于定义要控制的色彩通道。在右侧的下拉列表中有 RGB、"红"、"绿"、"蓝" 和 Alpha5 个选项可供选择。

- （曲线）按钮：激活该按钮后，使用鼠标在线段上拖动可修改相应的曲线形态，改变图像通道的颜色信息。

图7-23　"曲线" 特效的参数面板

- ✎（手绘）按钮：激活该按钮，使用鼠标直接在相应的图表中进行绘制，可以更加随意地调整曲线的形态。

- ▤（读取）按钮：激活该按钮，将弹出如图 7-24 所示的 "加载曲线／贴图设置" 对话框，从中选择相应的曲线文件，单击 "打开" 按钮，即可将曲线的设置读取到该图层设置中。

- ▣（保存）按钮：激活该按钮，将弹出如图 7-25 所示的 "保存贴图设置" 对话框，从中选择要保存曲线的位置，单击 "保存" 按钮，即可将其保存。

图7-24　"加载曲线/贴图设置" 对话框　　　　图7-25　"保持贴图设置" 对话框

- ⩗（平滑）按钮：激活该按钮，可以将当前绘制的曲线进行平滑处理，每一次单击都会进行一定幅度的平滑处理。

- ╱（直线）按钮：激活该按钮，可以将已经调整后的曲线恢复为默认的直线。

图 7-26 为对图像使用"曲线"特效进行调色前后的效果比较。

使用"曲线"特效调色前　　　　　　　　　　　使用"曲线"特效调色后

图7-26　对图像使用"曲线"特效进行调色前后的效果比较

13."三色调"特效

"三色调"特效的主要功能是对原图中亮调、暗调和中间调的像素做映射来改变不同的色彩层的颜色信息。"三色调"特效和"浅色调"特效非常相似，但多了对中间调的控制。当将"三色调"特效添加到一个图层中时，在"特效控制台"面板中会出现"三色调"特效的相关参数，如图 7-27 所示。

"三色调"特效的主要参数解释如下。

- 高光：用于定义要调整到亮调部分的颜色。
- 中间色：用于定义要调整到中间调部分的颜色。
- 投影：用于定义要调整到暗调部分的颜色。
- 与原始图像混合：用于设置效果和原图之间的混合程度。

图7-27　"三色调"特效的参数面板

图 7-28 为对图像使用"三色调"特效进行调色前后的效果比较。

使用"三色调"特效调色前　　　　　　　　　　　使用"三色调"特效调色后

图7-28　对图像使用"三色调"特效进行调色前后的效果比较

14."色彩均化"特效

"色彩均化"特效用于对图像的色调平均化，自动以白色取代图像中最亮的像素，以黑色取代图像中最暗的像素，中间色的像素被平均分布在白色和黑色之间的色调中。当将"色彩均化"特效添加到一个图层中时，在"特效控制台"面板中会出现"色彩均化"特效的相关参数，如图7-29所示。

"色彩均化"特效的主要参数解释如下。

图7-29　"色彩均化"特效的参数面板

- 均衡：用于定义不同的均衡方式。在右侧的下拉列表中有RGB、"亮度"和"Photoshop风格"3个选项可供选择。

- 均衡数量：用于定义重新分布亮度值的百分比。

图7-30为对图像使用"色彩均化"特效进行调色前后的效果比较。

使用"色彩均化"特效调色前　　　　　　　　使用"色彩均化"特效调色后

图7-30　对图像使用"色彩均化"特效进行调色前后的效果比较

15."色彩链接"特效

"色彩链接"特效可根据周围的环境改变素材的颜色，这对于将合成进来的素材与周围环境光进行统一非常有效。比如，在蓝屏前拍的人物素材可以通过抠像技术将蓝幕处理为透明，但将这个素材放置到一个新的背景时，由于两个素材拍摄的光源不同，因此看起来有些不和谐，此时可以利用"色彩链接"特效将两个光源不同的素材进行匹配。当将"色彩链接"特效添加到一个图层中时，在"特效控制台"面板中会出现"色彩链接"特效的相关参数，如图7-31所示。

图7-31　"色彩均化"特效的参数面板

"色彩链接"特效的主要参数解释如下。

- 源图层：用于定义用来运算平均值的图层。

- 取样：用于定义不同的过滤方式。在右侧的下拉列表中有"平均""中和""最亮""最暗""最大化RGB""最小化RGB""平均Alpha""中和Alpha""最大化Alpha"

和"最小化 Alpha"10 个选项可供选择。

- 素材源：用于定义最大或最小的取样范围。该项只有在"取样"下拉列表中选择"最亮""最暗""最大化 RGB""最小化 RGB""最大化 Alpha"和"最小化 Alpha"6 个选项时才可用。
- 模板原始 Alpha：选中该复选框时，将在新的数值上添加一个效果层的 Alpha 通道的蒙版。未选中该复选框，将用原图像的平均值来填充整个效果层。
- 透明度：用于定义效果的不透明度。
- 混合模式：用于定义效果层和原图层之间的混合模式。

图 7-32 为对图像使用"色彩链接"特效进行调色前后的效果比较。

使用"色彩链接"特效调色前　　　　　　　　　　使用"色彩链接"特效调色后

图7-32　对图像使用"色彩链接"特效进行调色前后的效果比较

16."色彩平衡"特效

"色彩平衡"特效是通过调整图层通道中的红、绿、蓝的颜色值来为高亮区域和阴影区域之间添加自然过渡的效果。默认的色彩值为 0，取值范围为 $-100 \sim 100$。当数值为 -100 时，该通道颜色不可见，当数值为 100 时，色彩强度最大。当将"色彩平衡"特效添加到一个图层中时，在"特效控制台"面板中会出现"色彩平衡"特效的相关参数，如图 7-33 所示。

图7-33　"色彩平衡"特效的参数面板

"色彩平衡"特效的主要参数解释如下。

- 阴影红色平衡：用于定义红色通道中阴影部分的平衡程度。
- 阴影绿色平衡：用于定义绿色通道中阴影部分的平衡程度。
- 阴影蓝色平衡：用于定义蓝色通道中阴影部分的平衡程度。
- 中值红色平衡：用于定义红色通道中中间调部分的平衡程度。
- 中值绿色平衡：用于定义绿色通道中中间调部分的平衡程度。
- 中值蓝色平衡：用于定义蓝色通道中中间调部分的平衡程度。
- 高光红色平衡：用于定义红色通道中高光部分的平衡程度。
- 高光绿色平衡：用于定义绿色通道中高光部分的平衡程度。
- 高光蓝色平衡：用于定义蓝色通道中高光部分的平衡程度。
- 保持亮度：选中该复选框，将设置一个图像的整体平均亮度，保持图像的整体平衡。

图 7-34 为对图像使用"色彩平衡"特效进行调色前后的效果比较。

 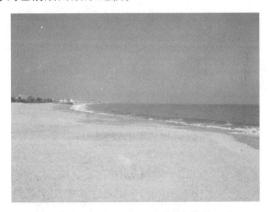

使用"色彩平衡"特效调色前　　　　　　　　　　　　使用"色彩平衡"特效调色后

图7-34　对图像使用"色彩平衡"特效进行调色前后的效果比较

17. "色彩平衡（HLS）"特效

"色彩平衡（HLS）"特效通过调整色调、饱和度和明度对颜色的平衡度进行调节。该特效主要是为了和以前版本的 After Effects 兼容。当将"色彩平衡（HLS）"特效添加到一个图层中时，在"效果控制台"面板中会出现"色彩平衡（HLS）"特效的相关参数，如图7-35 所示。

"色彩平衡（HLS）"特效的主要参数解释如下。

- 色相：用于对图像中的色相进行调整调整。
- 亮度：用于对图像中的亮度进行调整调整。
- 饱和度：用于对图像中的饱和度进行调整。

图 7-36 为对图像使用"色彩平衡（HLS）"特效进行调色前后的效果比较。

图7-35　"色彩平衡（HLS）"特效的参数面板

使用"色彩平衡（HLS）"特效调色前　　　　　　使用"色彩平衡（HLS）"特效调色后

图7-36　对图像使用"色彩平衡（HLS）"特效进行调色前后的效果比较

18."色彩稳定器"特效

"色彩稳定器"特效可以根据周围的环境改变素材的颜色，可以设定采样颜色，整体调整画面颜色。当将"色彩稳定器"特效添加到一个图层中时，在"特效控制台"面板中会出现"色彩稳定器"特效的相关参数，如图 7-37 所示。

"色彩稳定器"特效的主要参数解释如下。

- 设置帧：将时间滑块定位在要设置"色彩稳定器"特效的帧上，单击该按钮即可设置"轴心帧"的位置。
- 稳定：用于定义不同的稳定类型。在右侧的下拉列表中有"亮度""电平"和"曲线"3个选项可供选择。选择"亮度"选项，将调整图层中所有帧的亮度平衡；选择"电平"选项，将调整图层中所有帧的色阶平衡；选择"曲线"选项，将以曲线形式调整图层中所有帧的平衡。
- 黑位：用于定义黑场（最暗的地方）所在 X 轴和 Y 轴的位置。
- 中值斑：用于定义中间调所在 X 轴和 Y 轴的位置。
- 白位：用于定义白场（最亮的地方）所在 X 轴和 Y 轴的位置。
- 取样大小：用于定义取样的半径，单位为像素。

19."色阶"特效

"色阶"特效用于将输入的颜色范围重新映射到输出的颜色范围，还可以改变 Gamma 校正曲线，是所有用来调整图像通道的特效中最精确的工具。"色阶"特效调节灰度的好处是可以在不改变阴影区和高亮区的情况下改变灰度中间范围的亮度值。当将"色阶"特效添加到一个图层中时，在"特效控制台"面板中会出现"色阶"特效的相关参数，如图 7-38 所示。

"色阶"特效的主要参数解释如下。

- 通道：用于定义要编辑的通道。在右侧下拉列表中有 RGB、"红"、"绿"、"蓝"和Alpha5 个通道可供选择。
- 柱状图：用于显示当前画面的色阶属性。
- 输入黑色：用于定义输入图像黑场的极限值。

图7-37 "色彩稳定器"特效的参数面板　　　　图7-38 "色阶"特效的参数面板

- 输入白色：用于定义输入图像白场的极限值。
- Gamma：用于定义输入图像 Gamma 数值的极限值。
- 输出黑色：用于定义输出图像黑场的极限值。
- 输出白色：用于定义输出图像白场的极限值。
- 修剪为输出黑色：用于定义消减黑场的方式。
- 修剪为输出白色：用于定义消减白场的方式。

图 7-39 为对图像使用"色阶"特效进行调色前后的效果比较。

使用"色阶"特效调色前

使用"色阶"特效调色后

图7-39 对图像使用"色阶"特效进行调色前后的效果比较

20. "色相位 / 饱和度"特效

"色相位／饱和度"特效用于调整单个颜色分量的色相、饱和度和亮度。其效果与"色彩平衡"一样，但利用的是颜色相位调整轮进行控制。当将"色相位／饱和度"特效添加到一个图层中时，在"特效控制台"面板中会出现"色相位／饱和度"特效的相关参数，如图 7-40 所示。

"色相位／饱和度"特效的主要参数解释如下。

- 通道控制：用于定义要进行控制的通道。在右侧下拉列表中有"主体""红""黄""绿""青""蓝"和"品红"7 个选项可供选择。

图7-40   "色相位/饱和度"特效的参数面板

- 通道范围：用于设置色彩的范围。上面的色条表示调节前的延伸，下面的色条表示在全饱和度下调整后所对应的颜色。
- 主色调：用于定义主色调的属性。
- 主饱和度：用于定义主饱和度的属性。
- 主亮度：用于定义主亮度的属性。
- 彩色化：选中该复选框，图象将被转换为单色效果。
- 色调：用于调整转换为单色后的色相。该项只有在选中"彩色化"复选框时才起作用。
- 饱和度：用于调整转换为饱和度后的色相。该项只有在选中"彩色化"复选框时才起作用。
- 亮度：用于调整转换为亮度后的色相。该项只有在选中"彩色化"复选框时才起作用。

图 7-41 为对图像使用"色相位／饱和度"特效进行调色前后的效果比较。

使用"色相位/饱和度"特效调色前   使用"色相位/饱和度"特效调色后

图7-41   对图像使用"色相位/饱和度"特效进行调色前后的效果比较

21."通道混合"特效

"通道混合"特效可以用当前通道的值来修改一个彩色通道，从而产生其他颜色调整工具不易产生的效果。"通道混合"特效是通过设置每个通道的数据来产生高质量的灰阶图，或者产生高质量的棕色调和其他色调的图像，而且可以在通道间交换、复制信息。当将"通道混合"特效添加到一个图层中时，在"特效控制台"面板中会出现"通道混合"特效的相关参数，如图7-42所示。

图7-42 "通道混合"特效的参数面板

"通道混合"特效的主要参数解释如下。

- X-X：左边和右边的 X 代表来自 R G B 通道的色彩信息，通过不同组合可以调整图象的色彩。
- X-恒定：用于调整通道的对比度。
- 单色：选中该复选框后，图像将转换为灰阶图，也就是单色图像。

图 7-43 为对图像使用"通道混合"特效进行调色前后的效果比较。

使用"通道混合"特效调色前 使用"通道混合"特效调色后

图7-43 对图像使用"通道混合"特效进行调色前后的效果比较

22. "阴影/高光"特效

"阴影/高光"特效的功能与 Photoshop 中的"阴影/高光"滤镜一样，专门处理画面的阴影和高光部分。当遇到强光照的环境时，拍摄的画面因为取景的问题可能造成大面积逆光，如果使用别的调色命令对暗部进行校正时，很可能会把画面已经很亮的地方调的更亮。使用"阴影/高光"特效则可以很好地保护这些不需要调节的区域，而只针对阴影和高光进行调整。当将"阴影／高光"特效添加到一个图层中时，在"特效控制台"面板中会出现"阴影／高光"特效的相关参数，如图 7-44 所示。

图7-44　"阴影/高光"特效的参数面板

"阴影／高光"特效的主要参数解释如下。

● 自动数量：选中该复选框后，将使用软件自动计算的数值解决图像背光的问题。

● 阴影数量：用于定义图像中阴影部分的数量，数值越大，阴影部分越亮。其取值范围为 0 ～ 100。该项只有在取消选中"阴影数量"选项时才可使用。

● 高光数量：用于定义图像中高光部分的数量，数值越大，高光部分越暗。其取值范围为 0 ～ 100。该项只有在取消选中"阴影数量"选项时才可使用。

● 临时平衡（秒）：用于定义临时平衡，其取值范围为 0.00 ～ 10.00。该项只有在选择"阴影数量"选项时才可使用。

● 场景侦测：用于对场景进行探测。该项只有在"临时平衡（秒）"不为 0 时才可使用。

● 阴影色调宽度：用于定义阴影部分的色调范围，其取值范围为 0 ～ 100。

● 阴影半径：用于修改阴影部分影像的半径，数值越大，阴影部分就越亮。其取值范围为 0 ～ 100。

● 高光色调宽度：用于定义高光部分的色调范围，其取值范围为 0 ～ 100。

● 高光半径：用于修改高光部分影像的半径，数值越大，高光部分就越亮。其取值范围为 0 ～ 100。

● 颜色校正：用于对调整区域做彩色修改，该调整只作用于彩色图像。其数值越大，作用范围也越大。其取值范围为 -100 ～ 100。

● 中值对比度：用于定义中间调的对比度，其取值范围为 -100 ～ 100。

● 阴影素材：用于对图像中的黑场部分进行色阶的调整。数值越大，图像的对比度越大。其取值范围为 0.0% ～ 50.00%。

● 高光素材：用于对图像中的白场部分进行色阶的调整。数值越大，图像的对比度越大。其取值范围为 0.0% ～ 50.00%。

● 与原始图像混合：用于定义效果和原图之间的混合程度。

图 7-45 为对图像使用"阴影／高光"特效进行调色前后的效果比较。

使用"阴影/高光"特效调色前　　　　　　　　使用"阴影/高光"特效调色后

图7-45　对图像使用"阴影/高光"特效进行调色前后的效果比较

23. "Gamma/ 基准 / 增益"特效

"Gamma／基准／增益"特效用来调整每一个 RGB 独立通道的对应曲线值，这样可以分别对每种颜色进行输出曲线的控制。对于控制图像本身、图像与图像之间的色彩平衡能起到很好的效果。当将"增益"特效添加到一个图层中时，在"效果控制台"面板中会出现"Gamma／基准／增益"特效的相关参数，如图 7-46 所示。

图7-46　"Gamma/基准/增益"特效的参数面板

"Gamma／基准／增益"特效的主要参数解释如下。

● 黑色伸缩：用于重新设置黑色（暗调）的强度，其取值范围为 1.0 ～ 4.0。

● 红色／绿色／蓝色 Gamma：用于定义红色／绿色／蓝色通道的 Gamma 曲线值，其取值范围为 0.0 ～ 32000.0。

● 红色／绿色／蓝色基础：用于定义红色／绿色／蓝色通道的最低输出值，其取值范围为 −32000.0 ～ 32000.0。

● 红色／绿色／蓝色增益：用于定义红色／绿色／蓝色通道的最大输出值，其取值范围为 −32000.0 ～ 32000.0。

图 7-47 为对图像使用"增益"特效进行调色前后的效果比较。

使用"Gamma/基准/增益"特效调色前　　　　　使用"Gamma/基准/增益"特效调色后

图7-47　对图像使用"增益"特效进行调色前后的效果比较

24. "照片滤镜"特效

"照片滤镜"特效用于校正色彩偏差，精确调整图层中轻微的颜色偏差。当拍摄时，如果需要特定的光线感觉，往往需要为摄像器材的镜头上加适当的滤光镜或偏正镜。如果在拍摄素材时没有合适的滤镜，则可以在后期利用"照片滤镜"特效进行补偿。当将"照片滤镜"特效添加到一个图层中时，在"特效控制台"面板中会出现"照片滤镜"特效的相关参数，如图 7-48 所示。

"照片滤镜"特效的主要参数解释如下。

● 滤镜：用于定义要过滤掉的颜色。在右侧的下拉列表中有 20 种类型可供选择，如图 7-49 所示。

图7-48　"照片滤镜"特效的参数面板

图7-49　滤镜类型

● 颜色：用于在屏幕中选择要过滤掉的颜色。

● 密度：用于定义重新着色的强度，数值越大，重新着色的强度越大。

● 保持亮度：选中该复选框后，将对图像中的亮度进行保护。此时可以在滤色的同时维持原来的明暗分布层次。

图 7–50 为对图像使用"照片滤镜"特效进行调色前后的效果比较。

使用"照片滤镜"特效调色前　　　　　　使用"照片滤镜"特效调色后

图7–50　对图像使用"照片滤镜"特效进行调色前后的效果比较

25."转换颜色"特效

"转换颜色"特效的主要功能是用新的颜色来替换原始的颜色，并使用图像的色调、亮度和饱和度来调节色彩。当将"转换颜色"特效添加到一个图层中时，在"特效控制台"面板中会出现"转换颜色"特效的相关参数，如图 7–51 所示。

"转换颜色"特效的主要参数解释如下。

- 从：用于定义图像中要替换的颜色。
- 到：用于定义图像中要替换为的颜色。
- 更改：用于定义替换的方式，定义哪一个通道受特效的影响。在右侧的下拉列表中有"色调""色调与亮度""色调与饱和度"和"色调、亮度和饱和度"4 个选项可供选择。 如果选择"色相"选项，则色调通道受特效的影响，保持亮度和饱和度通道不变；如果选择"色相与亮度"选项，则色调和亮

图7–51　"转换颜色"特效的参数面板

度通道受特效的影响，保持饱和度通道不变；如果选择"色相与饱和度"选项，则色调和饱和度通道受特效的影响，保持亮度通道不变；如果选择"色调、亮度和饱和度"选项，则色调、亮度和饱和度通道均受特效的影响。

- 更改通过：用于定义替换颜色的方式。在右侧的下拉列表中有"设置为颜色"和"变换为颜色"两个选项可供选择。如果选择"设置为颜色"选项，则会将原图中的像素颜色直接转换为目标颜色；如果选择"变换为颜色"选项，则会调用 HLS 的插值信息来将原图像的色彩转换为新的色彩。
- 色调：用于定义色调调整时的容差范围。
- 亮度：用于定义亮度调整时的容差范围。
- 饱和度：用于定义饱和度调整时的容差范围。
- 柔化：用于定义容差边缘的柔化程度。
- 查看校正蒙版：选中该复选框，将使用更改后颜色的灰度蒙版来观察色彩变化程度和范围。

图 7–52 为对图像使用"转换颜色"特效进行调色前后的效果比较。

使用"转换颜色"特效调色前

用"转换颜色"特效调色后

图7-52 对图像使用"转换颜色"特效进行调色前后的效果比较

26."自动电平"特效

"自动电平"特效可以自动设置高光和阴影，通过在每个存储白色和黑色的色彩通道中定义最亮和最暗的像素，可以按比例分布中间像素值。该特效能自动独立地分析每个色彩通道。当将"自动电平"特效添加到一个图层中时，在"特效控制台"面板中会出现"自动电平"特效的相关参数，如图7-53所示。

"自动电平"特效的主要参数解释如下。

- 时间线定向平滑（秒）：用于设置围绕当前帧的持续时间，然后根据这个时间再去设置一系列对与周围帧有联系的当前帧的校正操作，单位为秒。例如，将"时间线定向平滑"设为2秒，After Effects将针对当前帧的前面和后面1秒进行分析，然后确定一个适当色阶来调整当前帧。

图7-53 "自动电平"特效的参数面板

- 场景侦测：选中该复选框后，将根据"时间线定向平滑"的数值忽略不同的场景中的帧。该项只有在"时间线定向平滑"数值不为0的情况下才可使用。
- 阴影：用于设置黑色像素的减弱程度，取值范围为0%～10%，默认为0.1%。
- 高光：用于设置白色像素的减弱程度，取值范围为0%～10%，默认为0.1%。
- 与原始图像混合：用于设置调整后的图像和原图像的混合比例。

图7-54为对图像使用"自动电平"特效进行调色前后的效果比较。

使用"自动电平"特效调色前

使用"自动电平"特效调色后

图7-54 对图像使用"自动电平"特效进行调色前后的效果比较

27."自动对比度"特效

"自动对比度"特效可以自动分析图像中所有的对比度和混合的颜色，然后把最亮和最暗的像素点映射到图像中的白色和黑色中，从而使高光部分更亮，阴影部分更暗。该特效不能独立的分析各个通道的信息，也不能引入或移除颜色数值。当将"自动对比度"特效添加到一个图层中时，在"特效控制台"面板中会出现"自动对比度"特效的相关参数，如图7-55所示。

图7-55 "自动对比度"特效的参数面板

"自动对比度"特效的参数与"自动电平"特效的参数的解释相同，这里就不赘述了。图7-56为对图像使用"自动对比度"特效进行调色前后的效果比较。

使用"自动对比度"特效调色前　　　　使用"自动对比度"特效调色后

图7-56 对图像使用"自动对比度"特效进行调色前后的效果比较

28."自动颜色"特效

"自动颜色"特效的主要功能是分析图像的高光、中间色和阴影部分的颜色数值，然后对画面的颜色进行自动化处理。当将"自动颜色"特效添加到一个图层中时，在"特效控制台"面板中会出现"自动颜色"特效的相关参数，如图7-57所示。

图7-57 "自动颜色"特效的参数面板

"自动颜色"特效与"自动电平"特效的参数大体相同，只是增加了一个"吸附中间色"的参数选项。当选中该复选框后，将确定一个接近中性色调的平均值，然后分析亮度数值，从而使整个图像色彩适中。

图7-58为对图像使用"自动颜色"特效进行调色前后的效果比较。

使用"自动颜色"特效调色前　　　　　　　　　　使用"自动颜色"特效调色后

图7-58　对图像使用"自动颜色"特效进行调色前后的效果比较

7.2　实 例 讲 解

本节将通过3个实例来讲解色彩校正特效在实际工作中的具体应用，旨在帮助读者能够理论联系实际，快速掌握利用色彩校正特效进行调色的相关知识。

7.2.1　湖光山色效果

要点

本例将利用图片调色制作出湖光山色的效果，如图7-59所示。通过学习本例，读者应掌握亮度与对比度、曲线、色阶、色相位/饱和度、色彩平衡、边角固定特效的综合应用。

原图　　　　　　　　　　　　　　　　　　　结果图

图7-1　湖光山色效果

操作步骤

1．调整原图整体的色彩

（1）启动 After Effects CS6，执行菜单中的"文件｜导入｜文件"命令，导入配套光盘中的"素材及结果 \7.2.1 湖光山色效果 \ （Footage）\原图 .jpg"和 Sky.jpg 图片。

（2）创建一个与"原图 .jpg"图片等大的合成图像。方法为：将它拖到 ▣（新建合成）图标上，从而生成一个尺寸与素材相同的合成图像，然后将其重命名为"湖光山色"，如图 7-60 所示。

图7-60　"湖光山色"合成图像

（3）提高素材的对比度。方法为：选择"原图"层，执行菜单中的"效果｜色彩校正｜亮度与对比度"命令，添加"亮度与对比度"特效。然后在"特效控制台"面板中设置参数，如图 7-61 所示，结果如图 7-62 所示。

图7-61　设置"亮度与对比度"参数

图7-62　设置"亮度与对比度"参数后的效果

（4）通过"曲线"特效调整图像的色调。方法：选择"原图"层，执行菜单中的"效果｜色彩校正｜曲线"命令，添加"曲线"特效。然后在"特效控制台"面板中设置参数，如图 7-63 所示，结果如图 7-64 所示。

图7-63　调整"曲线"参数

图7-64　调整"曲线"参数后的效果

（5）通过"四色渐变"特效调整图像不同位置的颜色。方法：选择"原图"层，执行菜单中的"效果|生成|四色渐变"命令，添加"四色渐变"特效。然后在"特效控制台"面板中设置参数，如图7-65所示，结果如图7-66所示。

图7-65　设置"四色渐变"参数　　　　　　图7-66　设置"四色渐变"参数后的效果

（6）通过"色相位／饱和度"特效细致调整图像的色彩。方法：选择"原图"层，执行菜单中的"效果|色彩校正|色相位／饱和度"命令，添加"色相位／饱和度"特效。然后在"特效控制台"面板中设置"主饱和度"为-30，如图7-67所示，结果如图7-68所示。

图7-67　设置"色相位/饱和度"参数　　　　图7-68　设置"色相位/饱和度"参数后的效果

（7）利用"色彩平衡"特效，调整红、绿、蓝的颜色值来为高亮区域和阴影区域之间添加自然过渡的效果。方法：选择"原图"层，执行菜单中的"效果|色彩校正|色彩平衡"命令，添加"色彩平衡"特效。然后在"特效控制台"面板中设置参数，如图7-69所示，结果如图7-70所示。

2．调整出水的效果

（1）"选择"原图"层，然后按快捷键【Ctrl+D】，复制出一个副本。接着将其重命名为水，如图7-71所示。最后利用工具栏中的钢笔工具（钢笔工具）绘制出水的区域，如图7-72所示。

图7-69 设置"色彩平衡"参数

图7-70 设置"色彩平衡"参数后的效果

图7-71 复制出"水"层

图7-72 利用 绘制出水的区域

（2）选择"水"层，然后在"特效控制台"面板中调整"亮度与对比度""曲线"和"色彩平衡"的参数如图 7-73 所示，效果如图 7-74 所示。

图7-73 调整"亮度与对比度""曲线"和"色彩平衡"的参数

3．制作天空效果

（1）从项目面板中将 Sky.jpg 拖入时间线面板，然后放置到"水"层的上方，并重命名为"天空"。

图7-74　调整"亮度与对比度""曲线"和"色彩平衡"参数后的效果

（2）选择"天空"层，执行菜单中的"效果｜扭曲｜边角固定"命令，添加"边角固定"特效。然后在"特效控制台"面板中设置参数，如图7-75所示，结果如图7-76所示。

图7-75　设置"边角固定"参数　　　　　　　图7-76　设置"边角固定"参数后的效果

（3）调整蓝天的色调，使之与背景的色彩更好地融合。方法：选择"天空"层，执行菜单中的"效果｜色彩校正｜曲线"命令，然后在"特效控制台"面板中设置参数，如图7-77所示，结果如图7-78所示。

图7-77　调整"曲线"参数

图7-78　调整"曲线"参数后的效果

（4）使用遮罩使蓝天与背景融合成与一个整体。方法：选择"天空"层，然后利用工具栏中的 （钢笔工具）绘制一个形状作为天空遮罩，如图 7-79 所示。接着按快捷键【M】两次，显示出"遮罩 1"属性，再将"遮罩羽化"值设为 60.0 像素，如图 7-80 所示，效果如图 7-81 所示。最后将"天空"层的混合模式改为"正片叠底"，如图 7-82 所示，效果如图 7-83 所示。

图7-79　利用 （钢笔工具）绘制一个形状作为天空遮罩

图7-80　将"遮罩羽化"值设为60.0像素

图7-81　调整"遮罩羽化"值后的效果

4．制作水中的天空倒影效果

（1）选择"天空"层，按快捷键【Ctrl+D】，复制出一个副本。然后将其重命名为"天空倒影"。

（2）选择"天空倒影"层，按快捷键【S】，显示出"比例"属性，然后将其比例设置为（100%，−100%），从而翻转天空。接着将"天空倒影"层的混合模式设置为"柔光"，如图 7-84 所示，效果如图 7-85 所示。

图7-82　将"天空"层的混合模式设为"正片叠底"

图7-83　将"天空"层的混合模式设为"正片叠底"后的效果

图7-84　将"天空倒影"层的混合模式设置为"柔光"

图7-85　将"天空倒影"层的混合模式设置为"柔光"后的效果

（3）至此，利用调色制作出的湖光山色制作完毕。下面执行菜单中的"文件 | 保存"命令，将文件进行保存。然后执行菜单中的"文件 | 收集文件"命令，将文件进行打包。

7.2.2　水墨画效果

要点

　　本例将利用一副彩色图片制作水墨画效果，如图7-86所示。通过学习本例，读者应掌握色阶、中值、色相位/饱和度、查找边缘、线性色键、辉光、亮度与对比度特效、遮罩和层混合模式的应用。

原图　　　　　　　　　　　　　　　　　　　　结果图

图7-27　水墨画效果

操作步骤

1. 制作"水墨画"合成图像

　　（1）启动 After Effects CS6，执行菜单中的"文件 | 导入 | 文件"命令，导入配套光盘中的"素材及结果 \7.2.2 水墨画效果 \（Footage）\ 原图 .jpg"图片。

　　（2）创建一个与"原图 .jpg"图片等大的合成图像。方法为：将它拖动到 （新建合成）图标上，从而生成一个尺寸与素材相同的合成图像。

　　（3）重命名合成图像。方法为：在"项目"窗口中选择该合成图像，如图 7-87 所示，然后按【Enter】键，将其命名为"水墨画"，如图 7-88 所示。

图7-87　选择合成图像　　　　　　　　　　　图7-88　重命名合成图像

（4）提高素材的对比度。方法为：选择"原图"层，执行菜单中的"效果 | 色彩校正 | 色阶"命令，添加"色阶"特效。然后在"特效控制台"面板中设置参数，如图 7-89 所示，结果如图 7-90 所示。

图7-89　设置"色阶"参数

图7-90　调整"色阶"参数后的效果

（5）使画面呈现色块的效果。方法为：执行菜单中的"效果 | 噪波与颗粒 | 中值"命令，添加"中值"特效。然后在"特效控制台"面板中设置参数如图 7-91 所示，结果如图 7-92 所示。

图7-91　设置"中值"参数

图7-92　调整"中值"参数后的效果

 提示

　　该步骤十分关键，水墨画的最终水墨效果主要靠这一步来实现。

（6）再次提高素材的对比度。方法为：再次执行菜单中的"效果 | 色彩校正 | 色阶"命令，添加"色阶"特效。然后在"特效控制台"面板中设置参数如图 7-93 所示，效果如图 7-94 所示。

（7）调整饱和度，形成淡彩效果。方法为：执行菜单中的"效果 | 色彩校正 | 色相位／饱和度"命令，添加"色相位／饱和度"特效。然后在"特效控制台"面板中设置参数如图 7-95 所示，效果如图 7-96 所示。

图7-93 设置"色阶"参数

图7-94 调整"色阶"参数后的效果

图7-95 设置"色相位/饱和度"参数

图7-96 调整 "色相位/饱和度"参数后的效果

（8）制作线描效果。方法为：将"项目"窗口中的"原图.jpg"拖入"时间线"窗口，放置到最上方，并将该层命名为"原图2"。然后执行菜单中的"效果｜风格化｜查找边缘"命令，添加"查找边缘"特效。接着在"特效控制台"面板中设置参数如图7-97所示，效果如图7-98所示。

图7-97 设置"查找边缘"参数

图7-98 调整"查找边缘"参数后的效果

（9）制作图层混合效果。方法为：将"原图 2"层的混合模式改为"正片叠底"，如图 7-99 所示，效果如图 7-100 所示。

图7-99　将"原图2"的层混合模式设为"正片叠底"　　　　图7-100　　"正片叠底"效果

（10）降低图像的色相饱和度。方法为：选择"原图 2"层，执行菜单中的"效果｜色彩校正｜色相位／饱和度"命令，添加"色相位／饱和度"特效。然后在"特效控制台"面板中设置参数如图 7-101 所示，效果如图 7-102 所示。

图7-101　设置"色相位/饱和度"参数　　　　　图7-102　调整"色相位/饱和度"参数后的效果

（11）对画面进行抠白处理，只留下黑色线条。方法为：选择"原图 2"层，执行菜单中的"效果｜键控｜线性色键"命令，添加"线性色键"特效。然后在"特效控制台"面板中设置参数如图 7-103 所示，效果如图 7-104 所示。

图7-103　设置"线性色键"参数　　　　　图7-104　调整"线性色键"参数后的效果

（12）制作线条周围水晕效果。方法为：选择"原图 2"层，执行菜单中的"效果｜风格化｜辉光"命令，添加"辉光"特效。然后在"特效控制台"面板中设置参数如图 7-105 所示，效果如图 7-106 所示。

图7-105　设置"辉光"参数　　　　　　　　　图7-106　调整"辉光"参数后的效果

（13）此时水晕效果不明显，下面就来解决这个问题。方法为：选择"原图 2"层，按快捷键【Ctrl+D】，从而复制一个"原图 2"层，然后将其命名为"水晕"层，接着在"特效控制台"面板中设置参数如图 7-107 所示，效果如图 7-108 所示。此时"时间线"窗口，如图 7-109 所示。

图7-107　设置"辉光"参数　　　　　　　　　图7-108　调整"辉光"参数后的效果

图7-109　"时间线"窗口分布

2．制作"最终效果"合成图像

（1）选择"项目"窗口中的"水墨画"合成图像，将它拖动到 （新建合成）图标上，从而生成一个尺寸与素材相同的合成图像。然后将其命名为"最终效果"。

（2）执行菜单中的"文件｜导入｜文件"命令，导入配套光盘中的"素材及结果\7.2.2水墨画效果\（Footage）\宣纸.jpg""印章.jpg""题词.jpg"图片。然后将它们拖入"时间线"窗口，调整位置并设置它们的图层混合模式均为"正片叠底"，如图 7-110 所示，结果如图 7-111 所示。

图7-110　"时间线"窗口分布

> **提示**
>
> 将图层混合模式设置为"正片叠底"是为了去除图片上的白色区域。

（3）制作画面的羽化效果。方法为：选择"水墨画"图层，选择工具栏中的 ▲ 钢笔工具，绘制蒙版图形，如图 7-112 所示。然后在"时间线"窗口中调节蒙版的参数，如图 7-113 所示，效果如图 7-114 所示。

图7-111　组合图像

图7-112　绘制蒙版图形

图7-113　设置蒙版参数

图7-114　羽化蒙版效果

（4）调节画面对比度，使画面更加清晰。方法为：选择"水墨画"图层，执行菜单中的"效果|色彩校正|　亮度与对比度"命令，添加"亮度与对比度"特效。然后在"特效控制台"面板中设置参数，如图7-115所示，结果如图7-116所示。

图7-115　设置"亮度与对比度"参数　　　　图7-116　调整"亮度与对比度"参数后的效果

（5）执行菜单中的"文件|保存"命令，将文件进行保存。然后执行菜单中的"文件|收集文件"命令，将文件进行打包。

提示

单帧图片的水墨画效果在Photoshop中同样可以完成，而After Effects CS6的优势在于可以制作动画的水墨画效果。

7.2.3　水中倒影效果

要点

本例将利用After Effects CS6自身的特效，制作天空中飘动的白云以及动态的水中倒影效果，如图7-1所示。通过学习本例，读者应掌握"分形噪波""色阶""浅色调""线性色键""快速模糊"和"置换映射"特效的综合的应用。

图7-117　水中倒影效果

操作步骤

1．制作天空中飘动的白云效果

（1）启动After Effects CS6，执行菜单中的"图像合成|新建合成组"命令，在弹出的对

话框中设置参数，如图 7-118 所示，单击"确定"按钮。

（2）创建"黑色 固态层 1"。方法：执行菜单中的"图层|新建|固态层"命令，在弹出的"固态层设置"对话框中设置"名称"为"黑色 固态层 1"，单击"制作为合成的大小"按钮，如图 7-119 所示，单击"确定"按钮，从而新建一个与合成图像等大的固态层。

图7-118　设置合成图像参数

图7-119　设置固态层参数

（3）选择新建的"黑色 固态层 1"，然后执行菜单中的"效果|噪波与颗粒|分形噪波"命令，在"特效控制台"面板中设置相关参数，并在第 0 帧记录"乱流偏移"和"演变"的关键帧参数，如图 7-120 所示，效果如图 7-121 所示。接着在第 4 秒 24 帧设置"乱流偏移"和"演变"的关键帧参数，如图 7-122 所示，效果如图 7-123 所示。此时时间线中的关键帧的分布如图 7-124 所示。

图7-120　在第 0 帧记录"乱流偏移"和"演变"的关键帧　　　图7-121　在第 0 帧的噪波效果

（4）增强噪波的明暗对比度。方法：执行菜单中的"效果|色彩校正|色阶"命令，然后在"特效控制台"面板中设置参数如图 7-125 所示，效果如图 7-126 所示。

图7-122 在第4秒24帧记录"乱流偏移"和"演变"的关键帧　图7-123 在第4秒24帧的噪波效果

图7-124 关键帧分布

图7-125 设置"色阶"参数　　　　　图7-126 设置"色阶"参数后的效果

（5）调整出蓝天的颜色。方法：执行菜单中的"效果|色彩校正|浅色调"命令，然后在"特效控制台"面板中设置参数如图7-127所示，效果如图7-128所示。

（6）在时间线中打开"黑色 固态层1"的三维显示开关，然后设置"位置"为（1000，500，-1500），"X轴旋转"为0x+52.5。，如图7-129所示，效果如图7-130所示。

图7-127　设置"浅色调"参数

图7-128　设置"浅色调"参数后的效果

图7-129　设置"位置"和"X轴旋转"参数

图7-130　设置"位置"和"X轴旋转"参数后的效果

（7）此时按小键盘上的【0】键，预览动画，即可看到天空中飘动的白云效果，如图7-131所示。

图7-131　天空中飘动的白云效果

2．制作飘动的白云下的别墅效果

（1）在项目面板中将"蓝天"合成图像拖动到■（新建合成）按钮上，从而复制出一个合成图像，然后将复制后的合成图像重命名为"蓝天下的别墅"。

（2）导入别墅素材。方法：执行菜单中的"文件 | 导入 | 文件"命令，在弹出的对话框中选择配套光盘中的"素材及结果 \ 7.2.3 水中倒影效果 \（Footage）\ 背景 .jpg"图片，单击"打开"按钮，将其导入到项目面板中。

（3）从项目面板中将"背景 . jpg"图片拖入时间线，并放置到顶层，如图 7-132 所示，此时画面效果如图 7-133 所示。

图7-132 将"背景.jpg"图片拖入时间线，并放置到顶层　　　　图7-133 画面效果

（4）去除素材中的蓝色天空。方法：选择"背景.jpg"层，执行菜单中的"效果丨键控丨线性色键"命令，然后在"特效控制台"面板中单击▣按钮，如图7-134所示，再在素材的蓝色位置处单击，即可去除天空中的蓝色部分，如图7-135所示。此时透过去除后的天空可以看到底层飘动的白云，效果如图7-136所示。

图7-134 将"背景.jpg"图片拖入时间线，并放置到顶层　　　　图7-135 去除素材中的蓝色天空

图7-136 透过去除后的天空看到底层的白云效果

3. 制作"水波参考"合成图像

（1）执行菜单中的"图像合成丨新建合成组"命令，在弹出的对话框中设置参数，如图7-137所示，单击"确定"按钮。

（2）创建"黑色固态层 2"。方法：执行菜单中的"图层 | 新建 | 固态层"命令，在弹出的"固态层设置"对话框中设置"名称"为"黑色 固态层 2"，"宽"为"5000px"，"高"为"2000px"，如图 7-138 所示，单击"确定"按钮。

图7-137 设置合成图像参数　　　　　　　　　　图7-138 设置固态层参数

（3）选择"黑色 固态层 2"，执行菜单中"效果 | 噪波与颗粒 | 分形噪波"命令，然后在"特效控制台"面板中设置参数，并记录第 0 帧的关键帧参数，如图 7-139 所示，效果如图 7-140 所示。接着记录第 4 秒 24 帧的关键帧参数，如图 7-141 所示，效果如图 7-142 所示。此时时间线中的关键帧分布如图 7-143 所示。

图7-139 在第0帧设置关键帧参数　　　　　　图7-140 在第0帧设置关键帧参数后的效果

图7-141 在第4秒24帧设置关键帧参数

图7-142 在第4秒24帧设置关键帧参数后的效果

图7-143 时间线的关键帧分布

（4）在时间线中打开"黑色 固态层 2"的三维显示开关，然后设置"位置"为（1000，690，-900），"比例"为（100%，55%，100%），"X 轴旋转"为 0x-50.0。，如图 7-144 所示，效果如图 7-145 所示。

图7-144 设置"位置""比例"和"X轴旋转"参数

图7-145 设置"位置""比例"和"X轴旋转"参数后的效果

4．制作水中倒影

（1）执行菜单中的"图像合成｜新建合成组"命令，在弹出的对话框中设置参数，如图7-146所示，单击"确定"按钮。

图7-146　设置合成图像参数

（2）从项目面板中将"水波参考"和"蓝天别墅"拖入"水中倒影"合成图像中，如图7-147所示。然后将"蓝天别墅"适当上移，使其底部与"水波参考"相连接，如图7-148所示。

图7-147　时间线分布

图7-148　调整"水波参考"和"蓝天别墅"的位置关系

（3）选择"蓝天别墅倒影"层，按快捷键【Ctrl+D】复制一个副本。然后将其重命名为"蓝天别墅倒影"，接着按快捷键【S】，显示出"比例"属性，再将其比例调整为（100%，-100%），如图7-149所示，从而颠倒图像。最后将颠倒后的图像向下移动到合适的位置，如图7-150所示。

（4）制作倒影垂直方向上的模糊效果。方法：选择"蓝天别墅倒影"层，执行菜单中的"效果｜模糊与锐化｜快速模糊"命令，然后在"特效控制台"面板中设置参数，如图7-151所示，效果如图7-152所示。

（5）制作水中倒影在水波中的扭曲效果。方法：选择"蓝天别墅倒影"层，执行菜单中的"效果｜扭曲｜置换映射"命令，然后在"特效控制台"面板中设置参数如图7-153所示，效果如图7-154所示。

图7-149 调整比例属性

图7-150 颠倒图像后的效果

图7-151 设置"快速模糊"参数

图7-152 设置"快速模糊"参数后的效果

图7-153 设置"置换映射"参数

图7-154 设置"置换映射"参数后的效果

（6）至此，动态的水中倒影效果制作完毕。下面按小键盘上的【0】键，预览动画，效果如图7-155所示。

图7-155　水中倒影效果

（7）执行菜单中的"文件|保存"命令，将文件进行保存。然后执行菜单中的"文件|收集文件"命令，将文件进行打包。

课　后　练　习

（1）利用如图7-156所示的配套光盘中的"课后练习|第7章 课后练习|练习1|（footage）|image.tif"图片，制作图7-157所示的调色效果。参数可参考配套光盘中的"课后练习|第7章课后练习|练习1.aep"文件。

图7-156　image.tif　　　　　　　　　图7-157　课后练习（1）效果

（2）利用如图7-158所示的配套光盘中的"课后练习|第7章 课后练习|练习2"中的相关素材制作图7-159所示的水墨画效果。参数可参考配套光盘中的"课后练习|第7章课后练习|练习2.aep"文件。

图7-158 素材

图7-159 课后练习（2）效果

第8章

文字效果

在 After Effects CS6 中，利用软件提供的比较完整的文字功能，基本上可以对文字进行较为专业的处理。同时 After Effects CS6 还提供了相当专业的动画处理功能。通过学习本章，读者应掌握文字的输入、编辑和动画处理的方法。

8.1 文字工具和面板

在多媒体制作方面，文字是一个重要的对象。After Effects CS6 有很强的文字创建功能，并能够对文字添加特效，从而制作出创意文字效果。在 After Effects CS6 中创建的文字是以层的形式存在的，创建文字层有以下两种方法：

- 执行菜单中的"图层|新建|文字"命令，建立文字层。
- 选择工具栏中的 T （横排文字工具）或 IT （竖排文字工具）在合成窗口中单击，建立文字层。

与文字层设置的相关面板有"文字"面板和"段落"面板，如图 8-1 所示。利用"文字"面板可以对文字的属性进行相应的设置，其中包括设置文字的字体、字号等；利用"段落"面板可以对文字段落的对齐方式和缩进方式进行设置。

"文字"面板

"段落"面板

图8-1 "文字"面板 和"段落"面板

8.2 路径文字

在 After Effects CS6 中采用普通的文字编辑状态，只能进行水平和垂直文字的编排，这种文字编排方式并不能适应所有的效果要求，而利用 After Effects CS6 提供了路径文本的功能则可以使文字沿着路径的形态进行编排。

8.2.1 创建路径文字

创建路径文字的具体操作步骤如下。

（1）在合成窗口中输入相应的文字，如图 8-2 所示。

（2）在时间线面板中找到该文字对象的"路径选项"，然后选择"路径"选项，如图 8-3 所示。

图8-2 在合成窗口中输入文字

图8-3 选择"路径"选项

（3）利用工具栏中的 （钢笔工具）在合成窗口中绘制路径，如图 8-4 所示。

图8-4 绘制路径

（4）在时间线面板中找到"路径"选项，然后在右侧的下拉列表中选择"遮罩 1"选项，如图 8-5 所示。此时文字将会吸附在路径上，如图 8-6 所示。

图8-5 选择"遮罩1"选项

图8-6 路径文字效果

8.2.2 调整路径文字

创建路径文字的方式比较简单，所使用的路径可以是开放路径也可以是封闭的路径。当给文字添加了相应的路径后，可以在"路径"选项中查看并调整相应的设置属性。

1．重新定义路径

重新定义路径的具体操作步骤如下。

（1）在时间线面板中选择"路径"选项。

（2）在合成窗口中重新绘制一个路径，如图8-7所示。

图8-7　重新绘制一个路径

（3）在时间线面板"路径"选项的下拉列表中选择"遮罩2"选项（见图8-8），即可将文字定义到新的路径上，如图8-9所示。

图8-8　选择"遮罩2"选项

图8-9　将文字定义到新的路径上

2．反转路径

在一般情况下，路径文本中的文字将被放置在路径的上方，如图8-10所示。如果要将文字放置到路径的下方，可以在时间线面板中找到"反转路径"选项，单击"关闭"参数，使之变为"打开"状态，如图8-11所示。此时文字和路径的关系将发生反转，如图8-12所示。

3．调整文字角度

在默认情况下，路径文字中每一个文字的角度都是按照路径的形态进行分布的，如图8-13

所示。如果要调整文字的角度，使文字始终处于垂直状态，则可以在时间线面板中找到"垂直线为路径"选项，单击"打开"参数，使之变为"关闭"状态，如图 8-14 所示。此时文字将处于垂直状态，如图 8-15 所示。

图8-10 文字位于路径的上方

图8-11 使"反转路径"处于"打开"状态

图8-12 "反转路径"的效果

图8-13 文字按照路径的形态进行分布

图8-14 使"垂直线为路径"处于"关闭"状态

图8-15 文字将处于垂直状态

4．对齐路径

在一般情况下，路径文字中的文字间距是按照默认数值进行设定的，是不铺满整个路径的，如果要让路径中的文字铺满整个路径，则可以在时间线面板中找到"强制对齐"选项，单击"关闭"参数，使之变为"打开"状态，如图 8-16 所示。此时文字将自动调整间距铺满整个路径，如图 8-17 所示。

图8-16 使"垂直线为路径"处于"打开"状态   图8-17 文字铺满整个路径

5．调整文字开始和结束的位置

在默认的情况下，路径文字的开始位置是与相应路径的开始节点对齐的。如果需要自由调整路径文字在路径上的分布，可以在时间线面板中找到"开始留白"和"最后留白"两个选项，调整相应的参数，即可精确控制文字在路径上的位置。此外，还可以在合成窗口中拖动来调整文字的起始位置。

8.2.3 路径文字的高级设置

在 After Effects CS6 中，除了可以设置上述的一般路径文字的属性，还可以在如图 8-18 所示的"更多选项"中设置"定位点编组"等高级属性。

图8-18 "更多选项"参数

1．设置定位点编组类型

在默认情况下，路径中的文字是按照单个字符进行位置变换的，从而实现了每个字符都贴近路径的效果。但为了实现一些特殊效果，After Effects CS6 还提供了不同定位点编组的设置，从而使文字贴近路径的方式多样化。在时间线面板的"更多选项"下"定位点编组"右侧有"字符""词语""行"和"全部"4个选项可供选择。图 8-19 为选择不同选项的效果比较。

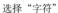

选择"字符"　　　　　　　　　　选择"词语"　　　　　　　　选择"行"和"全部"

图8-19　选择不同的"定位点编组"类型的效果比较

2．设置定位点位置

在默认情况下，编组定位点都是在相应的编组的中心位置上，当调整了路径文字的编组定位点后，如果要调整定位点的位置，可以在时间线面板中调整"编组对齐"选项的两个百分比参数，从而重新定义相应的定位点位置，如图 8-20 所示。

调整"定位点位置"前　　　　　　　　　　调整"定位点位置"后

图 8-20　调整"定位点位置"前后的效果比较

3．调整填充和描边

当路径文字定义了描边颜色和宽度后，可以通过在时间线面板中展开"更多选项"，找到"填充与描边"，然后在右侧的下拉列表中调整填充与描边属性。该下拉列表中有"字符板""在所有边框之上填充"和"在所有填充之上描边"3 个选项可供选择。

4．调整字符的混合模式

当要调整路径文字中的字符混合模式时，可以在时间线面板中展开"更多选项"，找到"字符间隔混合"，然后在右侧的下拉列表中选择不同的混合模式即可。

8.3　文字动画模块操作

在 After Effects CS6 中为文字提供了一系列的动画属性，如图 8-21 所示。用户通过简单的设置即可完成绚丽的动画效果。

8.3.1 添加文字动画属性

下面以添加"位置"属性为例，讲解一下添加文字动画属性的方法。添加文字"位置"动画属性的具体操作步骤如下。

（1）在合成窗口中创建文字"After Effects CS6"，如图8-22所示。

（2）在时间线中选择文字层，然后在文字层的"文字"项右侧单击"动画"后的 ▶ 按钮，从弹出的快捷菜单中选择"位置"选项，如图8-23所示。此时在时间线面板中会出现一个"动画1"动画属性，如图8-24所示。

图8-21 动画属性

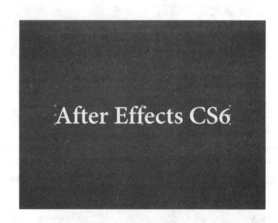

图8-22 创建文字"Adobe After Effects CS6"

图8-23 选择"位置"选项

图8-24 添加"位置"动画属性

（3）单击"动画1"右侧"添加"右侧的 ▶ 按钮，从弹出的快捷菜单中选择"选择|摇摆"命令，如图8-25所示。此时在"动画1"下会添加一个"波动选择器1"的属性，如图8-26所示。

图8-25 选择"选择|摇摆"命令

图8-26 添加"波动控制器1"的属性

（4）将"波动选择器"下的"位置"右侧的参数调整为（0.0，100.0），如图8-27所示。此时预览动画，即可看到相应的位置动画效果，如图8-28所示。

图8-27 将"位置"右侧的参数调整为（0.0，100.0）

图8-28 添加"位置"动画属性后的动画效果

8.3.2 文字动画预置

在 After Effects CS6 中预置了多种文字动画，用户可以方便地调用这些预置，从而快速制作出相应的动画效果。调用文字动画预置的具体操作步骤如下。

（1）在时间线中选择文字层。

（2）执行菜单中的"动画|应用动画预置"命令，然后在弹出的如图 8-29 所示的"打开"

对话框中选择要预置的动画文件，单击"打开"按钮即可（这些文件位于 After Effects CS6 软件安装目录下的"Presets|文字"中）。

图8-29   选择要预置的动画文件

8.4   实 例 讲 解

本节将通过3个实例来讲解色彩校正特效在实际工作中的具体应用，旨在帮助读者能够理论联系实际，快速掌握利用文字功能制作各种文字效果。

8.4.1   跳动的文字效果

要点

本例将利用After Effects CS6自身的特效，制作多个散乱的带有光效的字母在屏幕中晃动，然后逐渐减小晃动幅度直至停止，整齐排列成一行，同时光效消失的效果，如图8-30所示。通过学习本例，读者应掌握"文字"工具、"动画"命令，以及"分形噪波""CC放射状快速模糊"和"色阶"特效的综合应用。

图8-30   跳动的文字效果

操作步骤

1. 制作文字跳动的动画

（1）启动 After Effects CS6，执行菜单中的"图像合成｜新建合成组"命令，在弹出的对话框中设置参数，如图 8-31 所示，单击"确定"按钮。

图8-31 设置合成图像参数

（2）创建文字。方法：执行菜单中的"图层｜新建｜文字"命令，然后在"文字"面板中设置参数如图 8-32 所示，接着在合成图像中输入白色文字"After Effects CS6"，如图 8-33 所示。

图8-32 设置固态层参数　　　　图8-33 输入白色文字"After Effects CS6"

（3）制作文字从右下方逐一移动到画面中央的效果。方法：展开"After Effects CS6"文字层，然后单击"动画"右侧的 ⊙ 按钮，从弹出的快捷菜单中选择"位置"命令，如图 8-34 所示，从而为其添加"动画 1"动画属性。然后将"位置"设置为（200.0，260.0）。接着在第 1 秒处，单击"位置"前的 ⊙ 按钮，记录动画关键帧，将"偏移"设置为 0%，如图 8-35 所示。最后在第 3 秒，将"偏移"设置为100%，如图 8-36 所示。此时预览动画，会看到文字从右下方逐一移动到画面中央的效果，如图 8-37 所示。

图8-34 选择"位置"命令

图8-35 将"偏移"设置为0%

图8-36 将"偏移"设置为100%

图8-37 文字从右下方逐一移动到画面中央的效果

(4) 制作文字的晃动效果。方法：单击"添加"右侧的 ⊙ 按钮，从弹出的快捷菜单中选择"选择|摇摆"命令，如图8-38所示，从而为其添加"摇摆"动画属性。然后设置参数如图8-39所示。此时预览动画即可看到文字在开始时被打乱并在屏幕中部和下部晃动，然后在第3秒"偏移"为100%时，才从左到右移动到画面中部并停止晃动，如图8-40所示。

图8-38 选择"摇摆"命令

图8-39 设置"摇摆"参数

图8-40 设置"摇摆"参数后的预览效果

(5) 为了增强动感效果，下面选择"After Effects CS6"层，按快捷键【Ctrl+D】，复制出一个文字层，再将其"位置"修改为（200.0，-260.0）。此时预览动画，会看到文字在屏幕的中部和下部晃动，然后逐渐移动到画面中部停止晃动的效果，如图8-41所示。

2．制作文字光芒的动画

(1) 创建"最终"合成图像。方法：执行菜单中的"图像合成|新建合成组"命令，在弹

出的对话框中设置参数，如图 8-42 所示，单击"确定"按钮。

图8-41　复制文字层后的预览效果

（2）创建背景。方法：执行菜单中的"图层|新建|固态层"命令，新建一个"名称"为"背景"，"颜色"为黑色，大小与合成图像等大的固态层。然后执行菜单中的"效果|噪波与颗粒|分形噪波"命令，在"特效控制台"面板中设置参数如图 8-43 所示，效果如图 8-44 所示。

（3）从项目面板中将"文字动画"拖入"最终"合成图像中，然后执行菜单中的"效果|模糊与锐化|CC 放射状快速模糊"命令，在"特效控制台"中将"数量"设置为 95，如图 8-45 所示，效果如图 8-46 所示。

图8-42　设置合成图像参数

图8-43　设置"分形噪波"的参数

图8-44　设置"分形噪波"参数后的效果

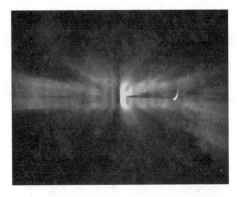

图8-45 设置"CC放射状快速模糊"的参数　　图8-46 设置"CC放射状快速模糊"参数后的效果

（4）选择"文字动画"层，然后执行菜单中的"效果|色彩校正|色阶"命令，然后在"特效控制台"中设置参数如图8-47所示，效果如图8-48所示。

图8-47 设置"色阶"的参数　　　　　图8-48 设置"色阶"参数后的效果

（5）执行菜单中的"图层|新建|固态层"命令，新建一个"名称"为"噪波"，"颜色"为黑色，大小与合成图像等大的固态层。然后将"文字动画"层重命名为"文字光效蒙版"，再将"噪波"层放置到"文字光效蒙版"层的下方，设置"模式"为"添加"，"轨道蒙版"为"Alpha蒙版'文字光效蒙版'"，如图8-49所示。接着从项目面板中将"文字动画"拖入"最终"合成图像中，并放置到顶层，如图8-50所示。

图8-49 设置"噪波"层的"模式"和"轨道蒙版"属性

（6）选择"噪波"层，然后执行菜单中的"效果|噪波与颗粒|分形噪波"命令，在"特效控制台"面板中设置相关参数，并在第0帧记录"旋转""乱流偏移""复杂性""附加旋转""附

加偏移"和"演变"的关键帧如图 8-51 所示，效果如图 8-52 所示。接着在第 4 秒 24 帧记录"旋转""乱流偏移""复杂性""附加旋转""附加偏移"和"演变"的关键帧如图 8-53 所示，效果如图 8-54 所示。此时时间线分布如图 8-55 所示。

图8-50　将"文字动画"拖入"最终"合成图像中，并放置到顶层

图8-51　在第0帧设置"分形噪波"的参数

图8-52　在第0帧设置"分形噪波"的参数后的效果

图8-53　在第4秒24帧设置"分形噪波"的参数

图8-54　在第4秒24帧设置"分形噪波"的参数后的效果

图8-55　时间线分布

（7）此时播放动画会发现光芒的颜色为白色，下面将光芒调整为蓝色。方法：选择"噪波"层，然后执行菜单中的"效果|色彩校正|三色调"命令，在"特效控制台"面板中设置参数，如图8-56所示。此时预览动画即可看到蓝色的光芒，效果如图8-57所示。

图8-56　设置"三色调"的参数

图8-57　预览效果

（8）此时文字四周的蓝色光芒自始至终存在，而我们需要蓝色光芒在文字停止跳动后逐渐消失，下面就来制作这个效果。方法：选择"噪波"层，然后按快捷键【T】，显示出其"透明度"属性，接着分别在第3秒和第4秒记录关键帧，将第3秒的"透明度"设置为100%，第4秒的"透明度"设置为0%，如图8-58所示。此时预览动画即可看到第3秒之后光芒逐渐消失的效果，如图8-59所示。

图8-58　时间线分布

第3秒

第3秒 15帧

第4秒

图8-59　预览效果

3．添加灯光效果

（1）将所有图层的三维开关打开，如图8-60所示。然后执行菜单中的"图层|新建|摄像机"命令，在弹出的对话框中设置如图8-61所示，单击"确定"按钮。此时时间线分布如图8-62所示。

图8-60　打开三维开关

图8-61　设置摄像机参数

图8-62　时间线分布

（2）执行菜单中的"图层|新建|照明"命令，然后在弹出的"照明设置"对话框中设置

参数如图 8-63 所示，单击"确定"按钮，新建"照明 1"灯光。接着在时间线中设置"照明 1"的"目标兴趣点"和"位置"参数，如图 8-64 所示。

（3）至此，跳动的文字效果制作完毕。下面按小键盘上的【0】，预览动画，效果如图 8-65 所示。

图8-63 设置照明参数　　　　　　　　图8-64 设置"目标兴趣点"和"位置"参数

图8-65 跳动的文字效果

（4）执行菜单中的"文件 | 保存"命令，将文件进行保存。然后执行菜单中的"文件 | 收集文件"命令，将文件进行打包。

8.4.2 路径文字动画效果

要点

本例制作跳动的文字效果，如图8-66所示。通过学习本例，读者应掌握After Effects CS6自身的"路径文字"、"拖尾"特效、Light FactoryEZ（EZ光工厂）外挂特效和图层混合模式的应用。

图8-66 跳动的文字

操作步骤

1. 制作"路径文字"合成图像

（1）启动 After Effects CS6，执行菜单中的"图像合成 | 新建合成组"命令，创建一个新的合成图像。然后在弹出的"图像合成设置"对话框中设置参数，如图 8-67 所示，单击"确定"按钮，完成设置。

（2）绘制文字运动的路径。方法为：执行菜单中的"图层 | 新建 | 固态层"命令，新建一个固态层。然后使用工具栏中的 钢笔工具绘制如图 8-68 所示的路径。

提示

> 一定要保证图8-68中所标记的节点的贝兹曲线是水平的，而且方向是水平向右的，这样才可以保证文字最后是从左到右水平排列的。

图8-67　设置合成图像参数

图8-68　创建文字运动的路径

（3）创建路径文本。方法为：选择固态层，执行菜单中的"效果 | 旧版插件 | 路径文本"命令，添加"路径文本"特效。然后在弹出的"路径文本"对话框中输入文字 www.chinadv.com.cn，如图 8-69 所示。然后在"特效控制台"面板中调节字符的颜色、大小、字间距等参数，如图 8-70 所示。

图8-69　输入文字

图8-70　设置文字属性

(4)将刚才绘制的路径指定给文字。方法为：展开"路径选项"选项，设置参数如图8-71所示，效果如图8-72所示。

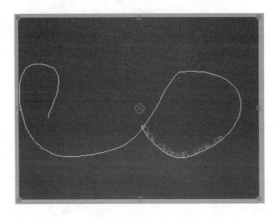

图8-71 设置"自定义路径"为"Mask1"　　　　图8-72 将绘制的路径指定给文字效果

(5) 拖动时间线，此时文字是静止的，下面制作文字沿路径运动动画。方法为：展开"段落"选项，分别在第0帧和第30帧设置"左侧空白"关键帧参数，如图8-73所示。

第0帧

第30帧

图8-73 分别在第0帧和第30帧设置"左侧空白"关键帧参数

(6) 设置文字的起伏变化。方法为：展开"高级"选项，设置"抖动设置"的参数如图8-74所示，效果如图8-75所示。

图8-74 设置抖动参数   图8-75 抖动效果

 提示

"抖动设置"共有4个参数设置，各参数作用如下：

- 基线最大抖动：定义字母键上下错位的最大数值。
- 字距最大抖动：定义字母间字间距的最大数值。
- 旋转最大抖动：定义字母旋转的最大数值。
- 数值最大抖动：定义字母缩放的最大数值。

（7）此时文字从开始到结束一直抖动，而我们需要的是文字开始抖动，最后水平静止。下面就解决这个问题。方法为：分别在第30帧和第35帧设置"抖动设置"关键帧参数，如图8-76所示，效果如图8-77所示。

图8-76 分别在第30帧和第35帧设置"抖动设置"关键帧参数

第30帧   第35帧

图8-77 在第30帧和第35帧的文字效果

（8）此时文字出现有些唐突，下面制作文字由小变大逐渐出现的效果。方法为：展开"字符"选项，在第 0 帧设置"大小"的数值为"0.0"，如图 8-78 所示。然后在第 30 帧设置"大小"的数值为"22.0"，如图 8-79 所示。

图8-78　在第0帧设置"大小"的数值为0　　　　图8-79　在第30帧设置"大小"的数值为22

（9）在"预览控制台"面板中单击▶（播放）按钮（按小键盘上的【0】键），预览动画，效果如图 8-80 所示。

图8-80　预览效果

（10）为了真实，下面制作文字的运动模糊效果。方法为：在"时间线"窗口上激活运动模糊按钮，打开运动模糊开关，如图 8-81 所示，效果如图 8-82 所示。

图8-81　打开运动模糊开关

图8-82　运动模糊效果

2．制作 Comp2 合成图像

（1）新建合成图像。方法为：执行菜单中的"图像合成｜新建合成组"命令，创建一个320×240像素，持续时间为2秒，名称为"最终"的合成图像。

（2）新建固态层。方法为：执行菜单中的"图层｜新建｜固态层"命令，新建一个320×240像素的固态层。

（3）选择该固态层，执行菜单中的"效果｜knoll light factory｜Light Factory EZ（EZ光工厂）"命令，添加 Light Factory EZ（EZ 光工厂）特效。效果如图 8-83 所示。

图8-83　默认的Light Factory EZ（EZ光工厂）效果

（4）此时光效不是我们所需要的，下面调整参数将光照中心点放置到固态层中心位置，如图8-84所示。

图8-84　将光照中心点调整固态层中心位置

（5）为了增加背景的动感，下面制作光芒旋转一周的效果。方法为：分别在第0秒和第2秒设置"Angle（角度）"的关键帧，如图8-85所示，效果如图8-86所示。

图8-85　设置"角度"的关键帧

第0帧　　　　　　　　　　　　　　　　　第30帧

图8-86　不同关键帧的效果

（6）将"路径文字"合成图像从"项目"窗口中拖入"时间线"窗口，选择"路径文字"图层，然后在图层混合模式下拉列表中选择"添加"模式，设置如图8-87所示，结果如图8-88所示。

（7）制作文字运动过程中的拖影效果。方法为：选择"时间线"窗口中的"路径文字"图层，执行菜单中的"效果|时间|拖尾"命令，添加"拖尾"特效。然后在弹出的"特效控制台"面板中设置参数，如图8-89所示，效果如图8-90所示。

图8-87　将层混合模式设为"添加"

图8-88　"添加"模式效果

图8-89　设置"拖尾"参数

图8-90　拖尾效果

> **提示**
>
> "拖尾"特效在层的不同时间点上合成关键帧，对前后帧进行混合，产生拖影或运动模糊的效果。该特效对静止图片没有效果。其参数作用如下：
> - 重影时间：以秒为单位值控制两个反射波间的时间，负值是在时间方向上向后退；正值向前移动。绝对值越大，反射的帧范围也就越广。需要注意的是，一般情况下，只在前后几帧间进行融合，该数值不宜设置过高。
> - 重影数量：该控制反射波效果组合的帧数。
> - 开始强度：该参数控制反射波序列中，开始帧的强度。
> - 衰减：该参数控制后续反射波的强度比例。
> - 重影操作：反射方式。用于指定反射的运算方式。

（8）按小键盘上的【0】键，预览动画，效果如图8-91所示。

图8-91　最终效果

(9)执行菜单中的"文件|保存"命令,将文件进行保存。然后执行菜单中的"文件|收集文件"命令,将文件进行打包。

8.4.3 金属字和玻璃字效果

要点

本例将制作金属字的动画效果,如图8-92所示。通过学习本章,读者应掌握利用 "文字"面板设置文字参数, "渐变" "斜面Alpha" "曲线"特效,关键帧动画和层模式的应用。

图8-92 金属字和玻璃字效果

操作步骤

1. 创建金属文字效果

(1)启动 After Effects CS6,执行菜单中的"合成图像|新建合成图像"命令,创建一个新的合成图像,然后在弹出的"合成图像设置"对话框中设置参数,如图8-93所示,单击"确定"按钮,完成设置。

图8-93 设置合成图像参数

(2)创建文字。方法:执行菜单中的"图层|新建|文本"命令,然后在合成窗口中输入"原创动画",接着在"文字"面板中设置参数,如图8-94所示,效果如图8-95所示。

图8-94 设置文本参数

图8-95 文字效果

（3）对文字进行渐变处理。方法：在时间线窗口中，选择上一步新建的文字图层，执行菜单中的"效果｜生成｜渐变"命令，添加"渐变"特效。然后在"特效控制台"面板中，设置参数，如图 8-96 所示，效果如图 8-97 所示。

图8-96 设置"渐变"参数

图8-97 设置"渐变"参数后的效果

> **提示**
>
> 这一步的目的是给字制作金属质感明暗关系变化。因为金属表面的反射率很高，用此效果来模拟反射线的明暗程度。

（4）对文字进行立体处理。方法：选择"原创动画"层，执行菜单中的"效果｜透视｜斜面 Alpha"命令，添加"斜面 Alpha"特效。然后在"特效控制台"面板中设置参数，如图8-98 所示，效果如图 8-99 所示。

> **提示**
>
> 使用"斜面Alpha"效果的目的使字变得立体感强一些，在效果属性控制中，可以调整用来模拟现实世界中的灯光的强度、灯光照射的方向、凸起的厚度，以此来实现三维效果。

图8-98　设置"斜面Alpha"参数

图8-99　调整"斜面Alpha"后的效果

（5）对文字进行曲线处理。方法：选择"原创动画"层，执行菜单中的"效果｜色彩校正｜曲线"命令，添加"曲线"特效，然后在"特效控制台"面板中，展开曲线栏，在值图中增加3个控制点，并调整控制点的位置如图8-100所示，效果如图8-101所示。

图8-100　调整控制点的位置

图8-101　调整Curves后的效果

（6）在时间线窗口中，选择"原创动画"层，按快捷键【Ctrl+D】两次，从而复制出"原创动画2"和"原创动画3"，如图8-102所示。

图8-102　复制出"原创动画2"和"原创动画3"

（7）选择"原创动画3"层，然后在"特效控制台"面板中调整"渐变"参数如图8-103所示，效果如图8-104所示。

（8）选择"原创动画3"层，在"特效控制台"面板中调整"斜面Alpha"参数，如图8-105所示。然后分别在第0帧和第2秒24帧录制"照明角度"关键帧参数，如图8-106所示，效果如图8-107所示。

图8-103　调整"渐变"参数

图8-104　调整"渐变"参数后的效果

图8-105　调整"斜面Alpha"参数

图8-106　分别在第0帧和第2秒24帧录制"原创动画3"层的"照明角度"关键帧参数

第0帧

第2秒24帧

图8-107　分别在第0帧和第2秒24帧的效果

（9）选择"原创动画3"层，在"特效控制台"面板中调整"曲线"参数如图8-108所示，效果如图8-109所示。

图8-108　调整"曲线"参数

图8-109　调整"曲线"参数后的效果

（10）同理，选择"原创动画2"层，然后在"特效控制台"面板中分别在第0帧和第2秒24帧录制"照明角度"关键帧参数，如图8-110所示。

图8-110　分别在第0帧和第2秒24帧录制"原创动画2"层的"照明角度"关键帧参数

提示

第（8）步与第（10）步的目的是通过分别改变"照明角度"的值，改变灯光照射的方向，从而改变字体的阴影与高光的交互变化，产生光影流动的效果。

（11）在时间线窗口中，打开层模式面板，分别将"原创动画3""原创动画2"的层模式设为"柔光"模式与"添加"模式，设置如图8-111所示，效果如图8-112所示。

图8-111　调整层模式

（10）至此，金属字制作完毕。下面为了便于观看，为其施加一个彩色的背景。方法：执行菜单中的"图层|新建|固态层"命令，在弹出的对话框中设置参数，如图8-113所示，单击"制作为合成大小"按钮，再单击"确定"按钮。然后将"背景"层放置到最底层，如图8-114所示，效果如图8-115所示。

图8-112　调整层模式后的效果

图8-113　设置"背景"层参数

图8-114　将"背景"层放置到最底层

图8-115　金属字效果

2．创建玻璃字效果

玻璃字效果是通过重组合成图像来完成的。

（1）单击"背景"层前的 图标，将其进行隐藏，如图8-116所示。

图8-116　隐藏背景层

（2）执行菜单中的"合成图像|新建合成图像"命令，创建一个新的合成图像，然后在弹出的"合成图像设置"对话框中设置参数，如图8-117所示，单击"确定"按钮，完成设置。

（3）从项目面板中将其插入"玻璃字"合成图像的时间线中，如图8-118所示。

图8-117　设置合成图像参数　　　　　　图8-118　将"金属字"拖入"玻璃字"合成图像

（4）新建蓝色固态层，然后将其放置到最底层。接着将"金属字"层的层模式改为"滤色"，如图8-119所示。此时即可看到玻璃字效果，如图8-120所示。

图8-120　改变层模式

图8-120 变层模式后的效果

（5）至此，玻璃字效果制作完毕，下面按小键盘上的【0】键，预览动画，效果如图8-121所示。

图8-121 玻璃字动画效果

（6）执行菜单中的"文件 | 保存"命令，将文件进行保存。然后执行菜单中的"文件 | 收集文件"命令，将文件进行打包。

课 后 练 习

（1）制作图8-122所示的金属字和玻璃字效果。参数可参考配套光盘中的"课后练习 | 第8章 课后练习 | 练习1.aep"文件。

金属字　　　　　　　　　　　　　　玻璃字

图8-122 课后练习（1）效果

（2）制作图8-123所示的跳动的文字效果。参数可参考配套光盘中的"课后练习 | 第8章 课后练习 | 练习2.aep"文件。

Adobe
After Effects
CS6

图8-123 课后练习（2）效果

第 9 章

扭曲和生成效果

"扭曲"特效组中的特效是在不损坏图像质量的前提下对图像进行拉长、扭曲、挤压等操作，从而模拟出 3D 空间的效果，实现画面的立体感。"生成"特效组中的特效可以为图像添加各种各样的填充图像或纹理，例如图像、渐变等，同时也可以对音频添加一定的特效和渲染效果。通过学习本章，读者应掌握 After Effects CS6 中有关扭曲和生成效果方面的相关知识和具体应用。

9.1　扭 曲 特 效

After Effects CS6 的扭曲特效组中包括"CC 波纹脉冲""CC 动力角点""CC 分割""CC 分割 2""CC 卷页""CC 两点扭曲""CC 平铺""CC 倾斜""CC 融化溅落点""CC 透镜""CC 涂抹""CC 弯曲""CC 弯曲器""CC 网格变形""贝塞尔弯曲""边角固定""变换""变形""变形稳定器""波纹""波形弯曲""放大""光学补偿""极坐标""镜像""卷帘快门""膨胀""偏移""球面化""涂抹""弯曲""网格弯曲""紊乱置换""旋转""液化"和"置换映射"36 种特效，如图 9-1 所示。下面就来讲解其中常用的有代表性的几种特效。

1. "CC 卷页"特效

"CC 卷页"特效可以模拟出卷页效果，而且可以制作出相应的动画。当将"CC 卷页"特效添加到一个图层中时，在"特效控制台"面板中会出现"CC 卷页"特效的相关参数，如图 9-2 所示。此时默认的"CC 卷页"特效的效果如图 9-3 所示。

"CC 卷页"特效的主要参数解释如下。

- 控制：用于定义卷页不同的控制方式。
- 折叠位置：用于定义卷页在 X 轴和 Y 轴的位置。
- 折叠方向：用于定义图像折叠的方向角度。
- 折叠半径：用于定义折叠部分的半径，数值越大，折叠的弯曲部分越平滑。
- 照明方向：用于定义效果中光照的方向角度。
- 渲染：用于定义效果中显示的部分。在右侧的下拉列表中有"正面＆背面""背面"和"正面"3 各选项可供选择。当选择"正面＆背面"选项时，将显示正面和背面的图像；当选择"背面"选项时，将只显示背面的图像；当选择"正面"选项时，将只显示正面的图像。

图9-1 "扭曲"特效组

图9-2 "CC卷页"特效的参数面板

原图

"CC卷页"效果

图9-3 添加"CC卷页"特效前后的效果比较

- 背面：用于选择卷页背面的图像内容。
- 背面透明度：用于定义背面图像中的不透明度。
- 页面颜色：用于定义卷页背面的颜色。

2. "CC融化溅落点"特效

"CC融化溅落点"特效可以在图像的基础上添加点滴状的效果，也可以将图像中的纹理模拟为塑料包装的效果。当将"CC融化溅落点"特效添加到一个图层中时，在"特效控制台"面板中会出现"CC融化溅落点"特效的相关参数，如图9-4所示。"CC融化溅落点"特效的效果如图9-5所示。

图9-4 "CC融化溅落点"特效的参数面板

原图

"CC融化溅落点"效果

图9-5 添加"CC融化溅落点"特效前后的效果比较

"CC融化溅落点"特效的主要参数解释如下。

- 落点层：用于定义效果图层的纹理，可以选中其他图层，也可以选中本身图层作为纹理。

- 特性：用于定义效果制作的属性依据，在右侧的下拉列表中有"红""绿""蓝""Alpha""照度"和"亮度"6个选项可供选择。

- 柔化：用于定义纹理效果的平滑度。数值越大，纹理越平滑。

- 切除：用于删除部分图像效果。数值越大，删除的部分越多。

- 使用：用于定义在效果中使用的灯光类型，在右侧的下拉列表中有"效果灯光"和"AE灯光（需要ccfx HD）"两个选项可供选择。当选择"效果灯光"选项时，将采用该效果中的灯光设置；当选择"AE灯光（需要ccfx HD）"选项时，将采用软件中设置的灯光效果。

- 照明强度：用于定义效果中的光照的亮度，数值越大，亮度越大。

- 灯光颜色：用于定义照射图像的灯光颜色。

- 灯光类型：用于定义照射图像的灯光类型。在右侧的下拉列表中有"平行光"和"点光源"两个选项可供选择。
- 灯光高度：用于定义灯光的高度，数值越大，照射图像的面积越大。
- 灯光位置：用于定义灯光在 X 轴和 Y 轴的位置。该项只有在选择"点光"灯光类型的情况下才可使用。
- 照明方向：用于定义灯光和图像之间的角度。该项只有在选择"平行光"灯光类型的情况下才可使用。
- 环境：用于定义周围环境中阴影的数量，数值越大，阴影部分越多。
- 扩散：用于定义阴影部分的扩散程度，数值越大，扩散的程度越大。
- 反射：用于定义阴影部分的尺寸，数值越大，阴影部分的面积越大，可以将相应的光照部分也覆盖阴影。
- 粗糙度：用于定义阴影部分的粗糙程度，数值越大，阴影效果将会越淡。
- 质感：用于定义图像效果中金属质感的数量，数值越小，金属质感越低。

3."CC 透镜"特效

"CC 透镜"特效可以将图像模拟成一个透过透镜进行查看的效果。当将"CC 透镜"特效添加到一个图层中时，在"特效控制台"面板中会出现"CC 透镜"特效的相关参数，如图 9-6 所示。"CC 透镜"特效的效果如图 9-7 所示。

图9-6　"CC透镜"特效的参数面板

原图

"CC透镜"效果

图9-7　添加"CC 透镜"特效前后的效果比较

"CC 透镜"特效的主要参数解释如下。

- 中心：用于定义透镜效果的中心在 X 轴和 Y 轴的位置。
- 尺寸：用于定义透镜效果的尺寸。
- 聚合：用于定义透镜效果中图像的集中程度，数值越大，图像越集中。

4."波形弯曲"特效

"波形弯曲"特效的主要功能是生成波纹抖动效果，而且在不创建关键帧的情况下，就能生成均匀抖动的动画。当将"波形弯曲"特效添加到一个图层中时，在"特效控制台"面板中会出现"波形弯曲"特效的相关参数，如图9-8所示。默认"波形弯曲"特效的效果如图9-9所示。

图9-8　"波形弯曲"特效的参数面板

原图

"波形弯曲"效果

图9-9　添加"波形弯曲"特效前后的效果比较

"波形弯曲"特效的主要参数解释如下。

- 波纹类型：用于定义波纹的类型。在右侧的下拉列表中有"正弦""正方形""三角形""锯齿""圆周""半圆形""逆向圆周""噪波"和"平滑噪波"9个选项可供选择。
- 波纹高度：用于定义波纹的高度。
- 波纹宽度：用于定义波纹的宽度。
- 方向：用于定义波纹方向的角度。
- 波纹速度：用于定义波纹的运动方式。正值是从左到右运动，负值是从右到左运动。
- 固定：用于定义效果固定的位置。在右侧的下拉列表中有"无""所有边缘""中心""左边""顶边""右边""底边""水平边"和"垂直边"9个选项可供选择。
- 相位：用于定义水平移动波纹的效果。
- 抗锯齿（最佳品质）：用于定义不同的渲染质量。在右侧的下拉列表中有"低""中"和"高"3个选项可供选择。

5. "极坐标"特效

"极坐标"特效的主要功能是将图像的直角坐标系与极坐标系互相转换来产生扭曲的效果。当将"极坐标"特效添加到一个图层中时，在"特效控制台"面板中会出现"极坐标"特效的相关参数，如图9-10所示。

图9-10　"极坐标"特效的参数面板

"极坐标"特效的主要参数解释如下。

● 插值：用于定义变形的幅度，数值越大，变形的效果越明显。

● 变换类型：用于定义不同的转换方式。在右侧的下拉列表中有"极线到矩形"和"矩形到极线"两个选项可供选择。图9-11为选择不同选项的效果比较。

原图

选择"极线到矩形"选项

选择"矩形到极线"选项

图9-11　选择不同选项的效果比较

9.2　生 成 特 效

After Effects CS6的生成特效组中包括"CC光线扫射""光线照射""CC螺纹"CC喷胶枪""CC突发光2.5""电波""分形""蜂巢图案""高级闪电""勾画""光束""渐变""镜头光晕""描边""棋盘""书写""四色渐变""填充""涂鸦""椭圆""网格""吸色管填充""音频波形""音频频谱""油漆桶"和"圆"26种特效，如图9-12所示。下面就来讲解其中常用的有代表性的几种特效。

1. "CC光线照射"特效

"CC光线照射"特效可以模拟一个强光前面加上一个阻挡的效果。当将"CC光线照射"特效添加到一个图层中时，在"特效控制台"面板中会出现"CC光线照射"特效的相关参数，如图9-13所示。"CC光线照射"特效的效果如图9-14所示。

"CC光线照射"特效的主要参数解释如下。

● 强度：用于定义光线的强度，数值越大，效果越明显。

● 中心：用于定义效果中心在X轴和Y轴的位置。

● 半径：用于定义效果影响的范围，数值越大，尺寸越大。

● 弯曲柔化度：用于定义效果边缘的柔化程度，数值越大，边缘越虚化。

图9-12　"生成"特效组

图9-13　"CC光线照射"特效的参数面板

原图

"CC光线照射"效果

图9-14　添加"CC光线照射"特效前后的效果比较

- 形状：用于定义不同的光线形状，在右侧的下拉列表中有"圆"和"方"两个选项可供选择。
- 方向：用于定义效果的角度。该项只有在选择"方"形状类型时才可使用。
- 颜色来自图像源：选中该复选框，将从源点位置上开始有颜色。
- 允许增高：选中该复选框，将使效果跟随相应的效果中心。
- 颜色：用于定义光线的颜色。
- 传送模式：用于定义效果和背景图像之间的透明关系。在右侧的下拉列表中有"无""添加""变亮"和"屏幕"4个选项可供选择。

2．"CC光线扫射"特效

　　"CC光线扫射"特效可以模拟出一种光线照过图像的效果。当将"CC光线扫射"特效添加到一个图层中时，在"效果控制台"面板中会出现"CC光线扫射"特效的相关参数，如图9-15所示。"CC光线扫射"特效的效果如图9-16所示。

"CC光线扫射"特效的主要参数解释如下。

● 中心：用于定义效果中心在X轴和Y轴的位置。

● 方向：用于定义效果的角度。

● 形状：用于定义不同的效果形状。在右侧的下拉列表中有"线性""平滑"和"锐利"3个选项可供选择。

● 宽度：用于定义光线效果的宽度。

● 扫光强度：用于定义光线的强度，数值越大，效果越明显。

图9-15 "CC光线扫射"特效的参数面板

原图

"CC光线扫射"效果

图9-16 添加"CC光线扫射"特效前后的效果比较

● 边缘强度：用于定义光线边缘的强度。

● 边缘厚度：用于定义光线边缘的宽度。

● 光色：用于定义光线的颜色。

● 容纳光线方式：用于定义光线和背景图像的关系。

3. "CC突发光2.5"特效

"CC突发光2.5"特效可以模拟一个强光照射的效果。当将"CC突发光2.5"特效添加到一个图层中时，在"特效控制台"面板中会出现"CC突发光2.5"特效的相关参数，如图9-17所示。"CC突发光2.5"特效的效果如图9-18所示。

图9-17 "CC突发光2.5"特效的参数面板

"CC突发光2.5"特效的主要参数解释如下。

● 中心：用于定义效果中心在X轴和Y轴的位置。

● 强度：用于定义灯光的强度。

● 光线长度：用于定义光线的长度。

● 突发：用于定义不同的爆炸效果。在右侧的下拉列表中有"直通""衰减"和"居中"3个选项可供选择。

● 光晕Alpha：选中该复选框，将在Alpha通道周边显示出光晕效果。

原图

"CC突发光2.5"效果

图9-18　添加"CC突发光2.5"特效前后的效果比较

- 设置颜色：选中该复选框，将对图像进行填色。
- 颜色：用于定义图像的颜色。该项只有在选中"设置颜色"复选框时才可使用。

4. "光束"特效

　　"光束"特效用于快速创建类似于激光束或光柱的效果，也可以通过改变参数生成一种假的三维效果。当将"光束"特效添加到一个图层中时，在"特效控制台"面板中会出现"光束"特效的相关参数，如图9-19所示。"光束"特效的效果如图9-20所示。

图9-19　"光束"特效的参数面板

图9-20　"光束"特效的效果

　　"光束"特效的主要参数解释如下。

- 开始点：用于定义激光效果开始点在 X 轴和 Y 轴的位置。
- 结束点：用于定义激光效果结束点在 X 轴和 Y 轴的位置。
- 长度：用于定义激光效果的长度。
- 时间：用于指定激光从开始到结束的时间长度。
- 开始点厚度：用于定义激光效果开始时的宽度。
- 结束点厚度：用于定义激光效果结束时的宽度。
- 柔化：用于定义激光周围图像的羽化程度，数值越大，边缘越虚化，反之越锐利。
- 内侧色：用于定义激光内部的颜色。
- 外侧色：用于定义激光外部的颜色。

- 3D 透视：选中该复选框后，将采用 3D 透视的方式进行效果的变形。
- 合成与原始素材之上：选中该复选框后，将在原图上显示光束的波形，反之将在单色图像上进行显示。

5．"渐变"特效

"渐变"特效用于产生两种颜色的渐变。当将"渐变"特效添加到一个图层中时，在"特效控制台"面板中会出现"渐变"特效的相关参数，如图 9-21 所示。默认"渐变"特效的效果如图 9-22 所示。

图9-21 "渐变"特效的参数面板 　　　　图9-22 "渐变"特效的效果

"渐变"特效的主要参数解释如下。

- 渐变开始：用于定义开始的颜色点在 X 轴和 Y 轴的位置。
- 开始色：用于定义开始点的颜色。
- 渐变结束：用于定义结束的颜色点在 X 轴和 Y 轴的位置。
- 结束色：用于定义结束点的颜色。
- 渐变形状：用于定义渐变的方式。在右侧的下拉列表中有"线性渐变"和"放射渐变"两种类型可供选择。
- 渐变扩散：用于定义渐变过渡融合的程度。
- 与原始图像混合：用于定义填充的颜色和原始图像的混合程度。

6．"镜头光晕"特效

"镜头光晕"特效用于创建摄像机静态光晕或火焰发光的效果。当将"镜头光晕"特效添加到一个图层中时，在"特效控制台"面板中会出现"镜头光晕"特效的相关参数，如图 9-23 所示。"镜头光晕"特效的效果如图 9-24 所示。

图9-23 "镜头光晕"特效的参数面板

原图 　　　　　　　　"镜头光晕"效果

图9-24　添加"镜头光晕"特效前后的效果比较

"镜头光晕"特效的主要参数解释如下。

- 光晕中心：用于定义光晕效果的中心点在 X 轴和 Y 轴的位置。
- 光晕亮度：用于定义光晕的亮度，数值越大，光晕越亮。
- 镜头类型：用于定义不同的光晕效果的样式。在右侧的下拉列表中有"50-300mm 变焦""35mm 聚焦"和"105mm 聚焦"3 种类型可供选择。
- 与原始图像混合：用于定义填充的颜色和原图的混合程度。

7."书写"特效

"书写"特效可以设置用画笔在图层画面中绘画的动画。当将"书写"特效添加到一个图层中时，在"特效控制台"面板中会出现"书写"特效的相关参数，如图 9-25 所示。"书写"特效的动画效果如图 9-26 所示。

项目	特效控制台：黑色 固态层 1 ▼ ×
合成 1 • 黑色 固态层 1	
▼ 书写	重置　　　　　　关于二
◯ 画笔位置	◈ 360.0,288.0
◯ 颜色	
▶ 笔触大小	2.0
▶ 笔头硬度	79%
▶ 笔触透明度	100.0%
▶ 笔触长度(秒)	0.0
▶ 笔画间隔(秒)	0.010
◯ 绘制时间属性	颜色　　　　▼
◯ 笔触时间属性	无　　　　　▼
◯ 混合样式	在原始图像上　▼

图9-25　"书写"特效的参数面板

图9-26　"书写"特效的动画效果

"书写"特效的主要参数解释如下。

- 画笔位置：用于定义笔触开始点在 X 轴和 Y 轴的位置。

- 颜色：用于定义笔触的颜色。

- 笔触大小：用于定义笔触的尺寸大小。

- 笔头硬度：用于定义笔触边缘的虚化程度。

- 笔触透明度：用于定义笔触的透明度。

- 笔触长度（秒）：用于定义描边的长度。

- 笔触间隔（秒）：用于定义笔触的频率，如果设置为较低的数值，则笔触绘制的频率高，但要花费较长的运算时间。

- 绘制时间属性：用于定义笔触应用的属性。在右侧的下拉列表中有"无""透明度"和"颜色"3 个选项可供选择。

- 笔触时间属性：用于定义要应用的画笔属性。在右侧的下拉列表中有"无""透明度""硬度"和"大小与硬度"4 个选项可供选择。

- 混合样式：用于定义效果和图像的合成方式。在右侧的下拉列表中有"在原始图像上""在透明通道"和"显示原始图像"3 个选项可供选择。

8."网格"特效

"网格"特效用来创建网格类型的程序纹理，渲染时可以作为实体或遮罩进行渲染。当将"网格"特效添加到一个图层中时，在"特效控制台"面板中会出现"网格"特效的相关参数，如图 9-27 所示。"网格"特效的效果如图 9-28 所示。

图9-27　"网格"特效的参数面板

图9-28　"网格"特效的效果

"网格"特效的主要参数解释如下。

- 定位点：用于定义网格中心点在 X 轴和 Y 轴的位置。

- 大小来自：用于定义网格的尺寸方式。在右侧的下拉列表中有"边角点""宽度滑块"和"宽度与高度滑块"3 个选项可供选择。

- 边角：用于定义角点在 X 轴和 Y 轴的位置。

- 宽：用于定义网格的宽度。

- 高：用于定义网格的高度。

- 边缘：用于定义网格边界的尺寸。

- 羽化：用于定义网格宽度的羽化程度。
- 反转栅格：选中该复选框后，将反转网格中的颜色。
- 颜色：用于定义网格的颜色。
- 透明度：用于定义网格的透明度。
- 混合模式：用于定义网格效果和原图像的混合模式。

9.3 实 例 讲 解

本节将通过3个实例来讲解扭曲和生成效果在实际工作中的具体应用，旨在帮助读者能够理论联系实际，快速掌握扭曲和生成效果的相关知识。

9.3.1 文字扫光效果

本例将利用After Effects CS6自身的特效，制作文字扫光及相应的镜头光晕效果，如图9-29所示。通过学习本例，读者应掌握"遮罩"功能，"辉光""波形弯曲"和"镜头光晕"特效的综合应用。

图9-29　文字扫光效果

1．制作背景

（1）导入背景素材。方法：执行菜单中的"文件｜导入｜文件"命令，在弹出的对话框中选择配套光盘中的"素材及结果 \9.3.1　文字扫光效果 \（Footage）\ 背景 .jpg"图片，单击"打开"按钮，将其导入到项目面板中。

（2）将"背景 .jpg"拖动到▣（新建合成）按钮上，如图9-30所示，从而根据"背景 .jpg"的大小创建一个合成图像。然后将合成图像重命名为"文字扫光效果"，此时项目面板如图9-31所示，画面效果如图9-32所示。

（3）设置合成图像的时间为3秒。方法：在项目面板中选择"文字扫光效果"，然后执行菜单中的"图像合成｜图像合成设置"命令，在弹出的对话框中设置"持续时间"为3秒，如图9-33所示，单击"确定"按钮。

图9-30　将"背景.jpg"拖动到 ▓ （新建合成）按钮上

图9-31　项目面板

图9-32　画面效果

图9-33　设置合成图像参数

（4）此时背景颜色为红色，下面将其调整为蓝色。方法：在时间线中选择"背景"层，执行菜单中的"效果 | 色彩校正 | 浅色调"命令，然后在"特效控制台"面板中设置参数如图9-34所示，效果如图9-35所示。

图9-34　设置"浅色调"参数

图9-35　设置"浅色调"参数后的效果

（5）此时背景的颜色过亮，下面利用遮罩对其进行处理。方法：选择"背景 .jpg"层，然

后利用工具栏中的 （椭圆形遮罩工具）绘制一个椭圆作为遮罩，再按两次【M】键，展开"背景 .jpg"层的遮罩属性。接着设置"遮罩1"的遮罩属性如图 9-36 所示，效果如图 9-37 所示。

图9-36　设置"遮罩1"参数

图9-37　设置"遮罩1"参数后的效果

提示

此时一定要选择"背景.jpg"层后，再使用 （椭圆形遮罩工具）绘制遮罩。

2．制作扫光效果

（1）创建文字。方法：执行菜单中的"图层|新建|文字"命令，然后在合成图像中输入白色文字"文字扫光效果"，如图 9-38 所示。此时时间线如图 9-39 所示。

图9-38　创建文字

图9-39　时间线分布

（2）选择"文字扫光效果"层，然后利用工具栏中的▣（矩形遮罩工具）绘制一个矩形遮罩，如图9-40所示。接着按快捷键【M】，展开"遮罩1"属性，再在第0帧，单击"遮罩形状"前的⌚按钮，记录关键帧。最后在第2秒，利用工具栏中的▶（选择工具）将矩形遮罩右侧的两个结点水平向右移动到合成图像的最右端，如图9-41所示，此时在时间线中会自动生成关键帧，如图9-42所示。

图9-40　在第0帧绘制矩形遮罩　　　　　　　　图9-41　在第2秒调整矩形的形状

图9-42　时间线分布

（3）按小键盘上的【0】键，预览动画，即可看到随着遮罩的移动，文字逐渐显现的效果，如图9-43所示。

图9-43　预览效果

（4）选择"文字扫光效果"层，按快捷键【Ctrl+D】复制出"文字扫光效果 2"层。然后选择复制出的"文字扫光效果2"层，按快捷键键【M】，展开"遮罩1"属性，再在第0帧处单击"遮罩形状"前的⌚按钮两次，先取消原有关键帧，再记录新的关键帧，此时时间线如图9-44所示。最后在第2秒，利用工具栏中的▶（选择工具）水平向右移动矩形遮罩的位置，如图9-45所示，此时在时间线中会自动生成关键帧，如图9-46所示。

图9-44　时间线分布

图9-45　在第2秒移动矩形遮罩的位置

图9-46　时间线分布

（5）给文字添加发光效果。方法：选择"文字扫光效果 2"层，然后执行菜单中的"效果 | 风格化 | 辉光"命令，在"特效控制台"面板中设置参数如图 9-47 所示，效果如图 9-48 所示。

图9-47　设置"辉光"参数

图9-48　设置"辉光"参数后的效果

（6）给文字添加波纹形扭曲效果。方法：选择"文字扫光效果2"层，然后执行菜单中的"效果 | 扭曲 | 波形弯曲"命令，在"特效控制台"面板中设置相关参数，并记录第0帧的"方向"和"相位"的关键帧，如图9-49所示。接着在第2秒设置"方向"和"相位"参数，如图9-50所示。此时预览动画效果如图9-51所示。

图9-49 在第0帧设置"波形弯曲"参数　　　图9-50 在第2秒设置"方向"和"相位"参数

图9-51 预览效果

3．制作镜头光晕效果

（1）创建"镜头光晕"层。方法：执行菜单中的"图层 | 新建 | 固态层"命令，然后在弹出的"固态层设置"对话框中设置"名称"为"镜头光晕"，"颜色"为"黑色"，单击"制作为合成大小"按钮，如图9-52所示，再单击"确定"按钮，从而新建一个与合成图像等大的固态层。此时时间线分布如图9-53所示。

图9-52 设置固态层参数　　　　　　　图9-53 时间线分布

　　（2）选择"镜头光晕"层，将该层的图层混合模式设置为"添加"，然后执行菜单中的"效果｜生成｜镜头光晕"命令，在"特效控制台"面板中设置相关参数，并记录第0帧"光晕中心"的关键帧参数，如图9-54所示，效果如图9-55所示。接着在第2秒记录"光晕中心"的关键帧参数，如图9-56所示，效果如图9-57所示。此时时间线分布如图9-58所示。

图9-54　在第0帧记录"光晕中心"的关键帧参数

图9-55　第0帧的效果

图9-56　在第2秒记录"光晕中心"的关键帧参数

图9-57　第2秒的效果

图9-58　时间线分布

　　（3）至此，文字扫光效果制作完毕。按小键盘上的【0】键，预览动画，效果如图9-59所示。

图9-59　文字扫光效果

(4)执行菜单中的"文件｜保存"命令,将文件进行保存。然后执行菜单中的"文件｜收集文件"命令,将文件进行打包。

9.3.2 雷达扫描效果

 要点

本例将综合运用After Effects CS6自身的特效,制作一个雷达扫描效果,如图9-60所示。通过学习本例,读者应掌握"网格""渐变""光束""极坐标"和"快速模糊"特效,"对齐"工具,嵌套,表达式,关键帧动画,层模式和层蒙版的综合应用。

图9-60 雷达扫描效果

 操作步骤

1. 创建"4条小线"合成图像

(1)启动After Effects CS6,执行菜单中的"图像合成｜新建合成组"命令,在弹出的"图像合成设置"对话框中设置参数,如图9-61所示,单击"确定"按钮,从而创建一个新的合成图像。

 提示

"宽度"设为"1000"的目的是为了制作周长为1000个单位的圆形雷达的外边缘。

(2)执行菜单中的"图层｜新建｜固态层"命令,在弹出的对话框中设置参数,如图9-62所示,单击"确定"按钮,新建一个固态层。

图9-61 设置合成图像参数　　　　图9-62 设置固态层参数

（3）复制图层。方法为：在"时间线"窗口中，选择图层"a"，按快捷键【Ctrl+D】3次，将图层"a"复制3次。

（4）重新命名。方法为：在"时间线"窗口中，选择"图层1"，按【Enter】键，输入"a4"。同理，将复制的其他两个固态层分别改名为"a3""a2"，如图9-63所示。

图9-63　重命名图层

 提示

这一步的作用是使用自定义的图层名称，便于区分图层。

（5）使合成窗口成为作用状态，按快捷键【Ctrl+R】，将窗口标尺显示出来。然后将鼠标指针放在该窗口水平标尺处，按住鼠标左键，将蓝色的参考线向下拖至窗口中间的位置。

（6）调整位置。方法为：将图层"a"移至合成窗口的最右侧，其底端与参考线上边缘对齐；将图层"a4"移至图层"a"的左侧，与图层"a"间隔为3个图层的宽度。制作时可单击键盘上的左右箭头进行精确定位。

（7）使"时间线"窗口成为作用状态，按快捷键【Ctrl+A】，选择所有的图层。

（8）对齐和分布设置。方法为：执行菜单中的"窗口｜对齐"命令，单击如图9-64所示的圆圈所示的选项，平均分配4个固态层的间隔。结果如图9-65所示。

图9-64　设置对齐

图9-65　对齐效果

 提示

"图层对齐"的作用是将4个图层在水平方向上对齐，"图层分布"的作用是根据图层"a"与图层"a4"之间的距离，平均分配每一个图层间的间隔。

2．创建"尺线小部分"合成图像

（1）执行菜单中的"图像合成｜新建合成组"命令，创建一个新的合成图像，然后在弹出的"图像合成设置"对话框中设置参数，如图9-66所示，单击"确定"按钮，完成设置。

（2）设置嵌套层。方法为：将时间线放置在0秒的位置，将"四条小线"合成图像由"项目"窗口拖至"尺线小部分"中，并使其成为选择状态。这样，"四条小线"合成图像就成为"尺线小部分"的一个嵌套层。按快捷键【Ctrl+D】49次，将"尺线小部分"嵌套层复制49个副本。

图9-66　设置合成图像参数

（3）使"尺线小部分"的"时间线"窗口成为作用状态，按快捷键【Ctrl+A】，选择所有的嵌套图层。

（4）使"尺线小部分"合成窗口成为作用状态，按快捷键【Ctrl+R】，将窗口标尺显示出来。将鼠标指针放在该窗口水平标尺处，将蓝色的参考线向下拖动至窗口中间的位置。

（5）在"时间线"窗口中，选择第50层并将其移至合成窗口的最右侧，其底端与参考线上边缘对齐。选择第1层并将其移至合成窗口的最左侧，选择所有的嵌套层。

（6）设置对齐与分布。方法为：执行菜单中的"窗口｜对齐"命令，然后单击如图9-64所示的圆圈内的选项，平均分配50个嵌套图层之间的间隔，如图9-67所示。

图9-67　平均分配50个嵌套图层之间的间隔

3．创建"外侧尺线"合成图像

（1）执行菜单中的"图像合成｜新建合成组"命令，然后在弹出的"图像合成设置"对话框中设置参数，如图9-68所示，单击"确定"按钮，从而创建一个新的合成图像。

（2）设置嵌套层。方法为：将时间线放置在0秒的位置，将"尺线小部分"合成图像由项目窗口拖动至"外侧尺线"时间线窗口中，并使其成为选择状态。这样，"尺线小部分"合成图像就成为"外侧尺线"的一个嵌套层。

（3）使"外侧尺线"时间线窗口成为作用状态，执行菜单中的"图层｜新建｜固态层"命令，在弹出的"新建固态层"窗口中设置参数，如图9-69所示，单击"确定"按钮，新建一个固态层。

图9-68　设置合成图像参数

图9-69　设置固态层参数

（4）复制图层。方法为：在"外侧尺线"时间线窗口中，将时间线放置在0秒的位置，选择上一步新建的固态层，按快捷键【Ctrl+D】49次，将新建的固态层复制49个副本。

（5）将图层"a"放在"尺线小部分"嵌套图层中最右侧空隙较大的位置，复制后的图层"a50"放在"尺线小部分"嵌套图层中最左侧空隙较大的位置，如图9-70所示。

图9-70　放置结果

（6）设置对齐与分布。方法为：在"外侧尺线"时间线窗口中，同时选择图层"a"及其所有的复制后的图层，执行菜单中的"窗口｜对齐"命令，单击如图9-24所示的圆圈内的选项，平均分配50个固态层之间的间隔，如图9-71所示。

图9-71 平均分配50个固态层之间的间隔

4．创建"外侧"合成图像

（1）执行菜单中的"图像合成｜新建合成组"命令，创建一个新的合成图像，然后在弹出的"图像合成设置"对话框中设置参数，如图9-72所示，单击"确定"按钮，完成设置。

（2）将时间线放置在0秒的位置，将"外侧尺线"合成图像由"项目"窗口拖动至"外侧"时间线窗口中，将其放置在合成窗口的最下方。

（3）使"外侧"时间线窗口成为作用状态，执行菜单中的"图层｜新建｜固态层"命令，在弹出的"新建固态层"窗口中设置参数，如图9-73所示，单击"确定"按钮，新建一个固态层。

图9-72 设置合成图像参数

图9-73 设置固态层参数

（4）复制图层。方法为：在"外侧"时间线窗口中，将时间线放置在0秒的位置，选择上一步新建的固态层，按快捷键【Ctrl+D】5次，将新建的固态层复制5个副本，将创建的固态层按如图9-74所示进行分布。

5．创建"合成"合成图像

（1）执行菜单中的"图像合成｜新建合成组"命令，然后在弹出的"图像合成设置"对话框中设置参数，如图9-75所示，单击"确定"按钮，从而创建一个新的合成图像。

图9-74 "外侧"合成图像效果

图9-75 设置合成图像参数

（2）执行菜单中的"图层｜新建｜固态层"命令，在"名字"文本框中输入 grid，单击 制作为合成大小 按钮，如图9-76所示，然后单击"确定"按钮，从而创建一个与合成图像等大的固态层。

（3）制作网格效果。方法为：执行菜单中的"效果｜生成｜网格"命令，添加"网格"特效，然后在"特效控制台"面板中设置参数如图9-77所示，效果如图9-78所示。

（4）制作渐变效果。方法为：执行菜单中的"效果｜生成｜渐变"命令，添加"渐变"特效，然后在"特效控制台"面板中设置参数，如图9-79所示，效果如图9-80所示。

（5）导入素材。方法为：执行菜单中的"文件｜导入｜文件"命令，导入"配套光盘｜素材及结果｜9.3.2雷达扫描效果｜（Footage ）｜合成.psd"文件中的 sweep 和 map 两个图层，如图9-81所示。

图9-76 设置固态层参数

图9-77 设置"网格"特效参数

图9-78 网格效果

图9-79　设置"渐变"特效参数

图9-80　渐变效果

图9-81　导入"sweep"和"map"层

提示

　　这是一个Photoshop文件格式，在制作时已经将文件作分层保存。在After Effects CS6中打开时，可以单独打开某一个图层，并且在使用时会保留其在Photoshop中的Alpha通道，便于合成。另外，这也是Adobe家族软件实施无缝结合的优势所在。

　　（6）设置层遮罩。方法为：将"合成.psd"中的map与sweep图层按先后顺序拖动到"合成"时间线窗口中，然后将sweep层重命名为matte，接着单击 切换开关/模式 按钮，在map项中选择"Alpha蒙版'matte'"模式，从而将matte层设为map层的层遮罩。最后将matte层的层混合模式设为"添加"，如图9-82所示。

图9-82　将sweep图层设为map图层的层遮罩

（7）选择 matte 层，按键盘上的【R】键，展开"旋转"属性。然后分别在第 0 秒和第 9 秒 29 帧设置参数，如图 9-83 所示。

图9-83　分别在第0秒和第9秒29帧设置参数

（8）制作雷达环形刻度效果。方法为：将"外侧"合成图像拖动到当前"时间线"窗口中，然后执行菜单中的"效果 | 扭曲 | 极坐标"命令，添加极坐标特效。接着设置参数，如图 9-84 所示，效果如图 9-85 所示。

图9-84　设置"极坐标"参数

图9-85　极坐标效果

（9）制作快速模糊效果。方法为：执行菜单中的"效果 | 模糊与锐化 | 快速模糊"命令，添加快速模糊特效。然后在"特效控制台"面板中设置参数，如图 9-86 所示，效果如图 9-87 所示。

图9-86　设置"快速模糊"参数

图9-87　"快速模糊"效果

（10）在"时间线"窗口中，激活"连续卷展／栅格化"开关，如图 9-88 所示，效果如图 9-89 所示。

提示

"连续卷展／栅格化"是非常实用的一项功能。以本例为例，我们前边所使用嵌套的合成图像的尺寸与当前的合成图像的尺寸都不一致，将该开关打开后，可以改善嵌套后的图像质量。另外，当使用矢量文件（比如Adobe的Illustrator文件格式*.AI）作为素材进行放大或缩小编辑时，打开该开关，系统会根据当前合成图像的分辨率进行重新计算，以获得最佳效果。

打开"连续卷展／栅格化"开关

图9-88 激活"连续卷展／栅格化"开关　　　图9-89 激活"连续卷展／栅格化"开关效果

（11）制作文字效果。选择工具栏中的 **T** 横排文字工具，然后在合成图像窗口中输入"20"，字体设置如图 9-90 所示。然后重复操作，分别创建"40、60、80、100、120"等字样。接着放置文字位置，如图 9-91 所示。此时时间线分布如图 9-92 所示。

图9-90 设置字体参数

图9-91 文字效果

图9-92 时间线分布

（12）增强扫描效果。方法为：选择 matte 层，然后按快捷键【Ctrl+D】复制一层，并将其命名为"叠加"。接着将"叠加"层移到最顶层，并显示出该层。最后将该层混合模式设为"添加"，此时时间线分布如图 9-93 所示，效果如图 9-94 所示。

📀 **提示**

这一步的目的是要模仿雷达在扫描时，扫描扇面上产生的强光效果。

图9-93　时间线分布

图9-94　画面效果

（13）新建固态层。方法为：执行菜单中的"图层｜新建｜固态层"命令，创建一个与合成图像同等尺寸的固态层，并将其命名为 beam。

（14）制作光束效果。方法为：执行菜单中的"效果｜生成｜光束"命令，添加"光束"特效，设置参数如图 9-95 所示，效果如图 9-96 所示。

图9-95　设置"光束"特效参数

图9-96　光束效果

（15）添加表达式。方法为：选择 beam 层，单击键盘上的【R】键，打开并选择"旋转"属性，执行菜单中的"动画｜添加表达式"命令，为当前属性应用表达式效果。

（16）展开"叠加"图层的"旋转"属性，将鼠标指针放在表达式的 ⊚ 上，将其拖动到"叠加"图层的"旋转"属性上，单击如图 9-97 所示的圆圈处，输入"-90"，这样会保证光束与扇形同步运动。

（17）按下小键盘上的【0】键，预览动画，效果如图 9-98 所示。

图9-97 设置表达式

图9-98 雷达扫描效果

（18）执行菜单中的"文件｜保存"命令，将文件进行保存。然后执行菜单中的"文件｜收集文件"命令，将文件进行打包。

9.3.3 手写字效果2

 要点

在After Effects CS6中制作手写字动画有使用"遮罩"、使用"矢量画笔"特效和使用"手写"特效3种方法。前面我们讲解了利用前两种方法制作手写字的效果，本例将利用"手写"特效制作随心所欲的具有粗细宽窄变化的中国古典书法字效果，如图9-99所示。通过学习本例，读者应掌握"手写"特效的使用方法。

图9-99 手写字效果2

操作步骤

1. 制作笔画粗细一致的手写字效果

（1）启动 After Effects CS6，执行菜单中的"图像合成 | 新建合成组"命令，在弹出的对话框中设置参数，如图 9-100 所示，单击"确定"按钮。

（2）执行菜单中的"图层 | 新建 | 固态层"命令，新建一个与合成图像等大的黑色固态层。

（3）选择"黑色 固态层 1"，然后执行菜单中的"效果 | 生成 | 书写"命令。

（4）选择"黑色 固态层 1"，然后利用工具栏中的 ◊ （钢笔工具）绘制一个文字"福"的形状，如图 9-101 所示。

图9-100　设置合成图像参数

图9-101　绘制一个文字"福"的形状

（5）在时间线中展开"黑色 固态层 1"，然后选择"遮罩形状"，如图 9-102 所示，在第 0 帧按快捷键【Ctrl+C】进行复制。接着选择"书写"特效下的"画笔位置"，在第 0 帧按快捷键【Ctrl+V】进行粘贴，此时会发现在"画笔位置"产生大量的关键帧，如图 9-103 所示。

图9-102　选择"遮罩形状"

图9-103　在"画笔位置"的粘贴后产生的关键帧

（6）此时预览会看到，画笔沿着文字"福"的形状进行绘制的效果，如图9-104所示。

图9-104 画笔沿着文字"福"的形状进行绘制的效果

（7）但此时绘制的笔画是点而不是线，这是因为笔画间隔过大的缘故，下面在"特效控制台"面板中调整"笔画间隙"为0.001，如图9-105所示，效果如图9-106所示。

（8）此时预览动画会发现，绘制笔画的时间为2秒，有些急促，下面在时间线中将"画笔位置"的最后一个关键帧由2秒移动到3秒的位置，如图9-107所示。

图9-105 调整"笔画间隙"为0.001　　　图9-106 调整"笔画间隙"为0.002后的效果

图9-107 将"画笔位置"的最后一个关键帧由2秒移动到3秒的位置

（9）按小键盘上的【0】键，预览动画，效果如图9-108所示。

2.制作具有粗细宽窄变化的手写字效果

（1）在"特效控制台"面板中设置"书写"特效的参数，并录制第0帧的"笔触大小"的关键帧，如图9-109所示。然后在第1帧，将"笔触大小"设置为28，效果如图9-110所示。再在第2帧，将"笔触大小"设置为30，效果如图9-111所示。接着在第3帧，将"笔触大小"设置为9，效果如图9-112所示。最后在第4帧，将"笔触大小"设置为0.8，效果如图9-113所示。

（2）同理，根据书法字的粗细宽窄的变化逐帧调节笔触大小，最终效果如图9-114所示。

图9-108　预览效果

图9-109　在第0帧设置"书写"特效的参数

图9-110　第1帧的效果

图9-111　第2帧的效果

图9-112　第3帧的效果

图9-113　第4帧的效果

图9-114　调节笔触后的效果

（3）为了更加真实，下面将背景色改为红色，将手写文字改为墨色。方法：选择"黑色固态层 1"，然后执行菜单中的"图层 | 固态层设置"命令，在弹出的"固态层设置"对话框中将"颜色"改为红色，如图 9-115 所示，单击"确定"按钮。接着在"特效控制台"面板中将书写"颜色"改为黑色，如图 9-116 所示。

图9-115 将固态层颜色改为红色

图9-116 将书写颜色改为黑色

（4）至此，手写字效果制作完毕。下面按小键盘上的【0】键，预览动画，效果如图 9-99 所示。

（5）执行菜单中的"文件 | 保存"命令，将文件进行保存。然后执行菜单中的"文件 | 收集文件"命令，将文件进行打包。

课 后 练 习

（1）制作图 9-118 所示的冲击波效果。参数可参考配套光盘中的"课后练习 | 第9章 课后练习 | 练习 1.aep"文件。

（2）制作图 9-119 所示的文字自动描边效果。参数可参考配套光盘中的"课后练习 | 第9章 课后练习 | 练习 2.aep"文件。

图9-118 课后练习（1）效果

图9-119　课后练习（2）效果

第10章
模拟仿真效果

在 After Effects CS6 中利用模拟仿真效果可以模拟出自然界中的爆炸、反射、波浪等自然现象。通过学习本章，读者应掌握 After Effects CS6 中有关仿真效果方面的相关知识和具体应用。

10.1　模拟仿真特效

After Effects CS6 的模拟仿真特效组中包括"CC 吹泡泡""CC 滚珠操作""CC 降雪""CC 降雨""CC 粒子仿真世界""CC 粒子仿真系统 II""CC 毛发""CC 散射""CC 水银滴落""CC 细雨滴""CC 下雪""CC 下雨""CC 像素多边形""CC 星爆""焦散""卡片舞蹈""粒子运动""泡沫""水波世界"和"碎片"20 种特效，如图 10-1 所示。

CC 吹泡泡
CC 滚珠操作
CC 降雪
CC 降雨
CC 粒子仿真世界
CC 粒子仿真系统 II
CC 毛发
CC 散射
CC 水银滴落
CC 细雨滴
CC 下雪
CC 下雨
CC 像素多边形
CC 星爆
焦散
卡片舞蹈
粒子运动
泡沫
水波世界
碎片

1."CC 吹泡泡"特效

"CC 吹泡泡"特效可以按照不同的图像内容制作出相应数量、尺寸和位置的气泡效果。当将"CC 吹泡泡"特效添加到一个图层中时，在"特效控制台"面板中会出现"CC 吹泡泡"特效的相关参数，如图 10-2 所示，此时默认的"CC 吹泡泡"特效的效果如图 10-3 所示。

图10-1　"仿真"特效组

图10-2　"CC吹泡泡"特效的参数面板

图10-3　默认的"CC吹泡泡"特效的效果

"CC吹泡泡"特效的主要参数解释如下。

- 泡泡数量：用于定义产生的气泡数量。
- 泡泡速度：用于定义气泡移动的速度。
- 摆动幅度：用于定义气泡移动时晃动的速度。
- 摆动频率：用于定义气泡晃动时出现的频率。
- 泡泡大小：用于定义气泡的尺寸。
- 反射类型：用于定义气泡的反射类型。在右侧下拉列表中有"液态"和"金属"两个选项可供选择。
- 明暗类型：用于定义气泡阴影的效果类型。在右侧下拉列表中"无""变亮""变暗""向内淡化"和"向外淡化"5个选项可供选择。图10-4为选择不同明暗类型选项后的效果比较。

"无"和"变亮"

"变暗"

"向内淡化"

"向外淡化"

图10-4　选择不同明暗类型选项后的效果比较

2. "CC滚珠操作"特效

"CC滚珠操作"特效可以将相应的图像分类成不同尺寸的球形对象，并且按照不同的属性进行移动。当将"CC滚珠操作"特效添加到一个图层中时，在"特效控制台"面板中会出现"CC滚珠操作"特效的相关参数，如图10-5所示，此时默认的"CC滚珠操作"特效的效果如图10-6所示。

图10-5　"CC滚珠操作"特效的参数面板

原图

"CC滚珠操作"特效

图10-6 默认的"CC滚珠操作"特效的效果

"CC 滚珠操作"特效的主要参数解释如下。

- 散射：用于定义分裂的球形对象的分散程度，数值越大，球形对象分散的越混乱。图
  10-7 为设置不同"散射"数值的效果比较。

"散射"数值为5

"散射"数值为30

图10-7 设置不同"散射"数值的效果比较

- 旋转坐标：用于定义对象旋转的不同轴向。
- 旋转：用于定义不同的旋转角度。
- 扭曲特性：用于定义扭曲的不同轴向。
- 扭曲角度：用于定义扭曲的角度。
- 网格间隔：用于定义网格的尺寸，数值越大球形对象越少。图 10-8 为不同"网格间隔"
  数值的效果比较。

"网格间隔"数值为10

"网格间隔"数值为48

图10-8 设置不同"网格间隔"数值的效果比较

● 滚珠大小：用于定义球形对象的尺寸。图10-9为不同"滚珠大小"数值的效果比较。

"滚珠大小"数值为60

"滚珠大小"数值为300

图10-9　设置不同"滚珠大小"数值的效果比较

● 不稳定状态：用于定义球形对象的不稳定性。

3."CC降雪"特效

"CC降雪"特效可以在相应的素材上添加真实的带有镜头模糊和景深，并可以控制降雪距离地面高度的降雪效果。与后面"CC下雪"特效相比，"CC降雪"特效可以设置的参数更多，设置后的效果更加真实自然。当将"CC降雪"特效添加到一个图层中时，在"特效控制台"面板中会出现"CC降雪"特效的相关参数，如图10-10所示。"CC降雪"特效的动画效果如图10-11所示。

图10-10　"CC降雪"特效的参数面板

图10-11　默认的"CC降雪"特效的效果

4."CC降雨"特效

"CC降雨"特效可以在相应的素材上添加真实的带有镜头模糊和景深，并可以控制降雨距离地面高度的降雨效果。与后面"CC下雨"特效相比，"CC降雨"特效可以设置的参数更多，设置后的效果更加真实自然。当将"CC降雨"特效添加到一个图层中时，在"特效控制台"面板中会出现"CC降雨"特效的相关参数，如图10-12所示。"CC降雨"特效的动画效果如图10-13所示。

图10-12 "CC降雨"特效的参数面板　　　　图10-13 默认的"CC降雨"特效的效果

5. "CC粒子仿真世界"特效

　　"CC粒子仿真世界"特效是一个专业的粒子系统，与"CC粒子仿真效果Ⅱ"特效相比，其更加专业，而且增加了三维空间的概念和摄像机的属性。当将"CC粒子仿真世界"特效添加到一个图层中时，在"特效控制台"面板中会出现"CC粒子仿真世界"特效的相关参数，如图10-14所示，此时默认的"CC粒子仿真世界"特效的动画效果如图10-15所示。

图10-14 "CC粒子仿真世界"特效的参数面板　　图10-15 默认"CC粒子仿真世界"特效的效果

　　"CC粒子仿真世界"特效的主要参数解释如下。

　　● 网格和参考线：用于定义在合成窗口中显示辅助网格的类型。

- 生长速度：用于定义粒子产生的速度。
- 寿命：用于定义粒子对象存在的时间。
- 生产地：用于定义产生的粒子在 X/Y/Z 轴的位置，以及产生的粒子的范围在 X/Y/Z 轴的半径。
- 动画：用于定义粒子对象动画的方式。在右侧的下拉列表中有"爆炸""方向坐标""圆锥坐标""粘性""旋转""旋转扭曲""漩涡""火焰""侧向喷射""分形 Omni"和"分形 Uni"11 种类型可供选择。图 10-16 为选择不同"动画"选项的效果比较。

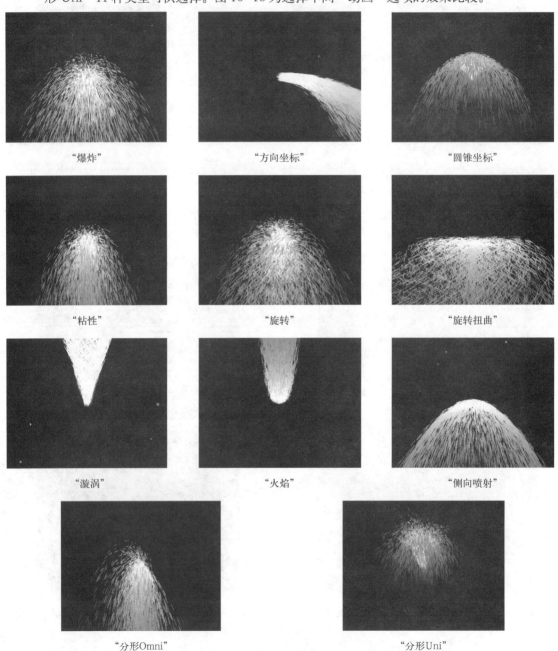

图10-16　选择不同"动画"选项的效果比较

- 速率：用于定义粒子对象移动的速度。
- 继承速率：用于定义后一个粒子对象对上一个粒子对象速度继承的百分比。
- 重力：用于定义粒子对象向下移动的速度。
- 阻力：用于定义粒子对象的分散程度，当数值较大时，粒子对象将不向多方向分散。
- 额外：用于定义粒子涌出时不正常效果出现的机率。
- 特殊角度：用于定义粒子涌出时不正常效果出现的角度。
- 粒子：用于定义粒子对象的属性和形状。
- 距离：用于设置摄像机和对象之间的距离。
- X/Y/Z 轴旋转：用于定义摄像机沿着 X/Y/Z 轴旋转的角度。
- FOV：用于定义摄像机距离视场的尺寸，数值越大，距离越近。

6. "CC 粒子仿真系统 II" 特效

　　"ＣＣ粒子仿真系统 II" 特效与 "ＣＣ粒子仿真世界" 特效相比，参数设置相对比较简单，可以按照相应的设置制作出各种粒子效果，例如礼花、飞灰等。该特效没有三维空间的概念和摄像机的属性。当将 "ＣＣ粒子仿真系统 II" 特效添加到一个图层中时，在 "特效控制台" 面板中会出现 "ＣＣ粒子仿真系统 II" 特效的相关参数，如图 10-17 所示，此时默认的 "ＣＣ粒子仿真系统 II" 特效的动画效果如图 10-18 所示。

图10-17　"ＣＣ粒子仿真系统II" 特效的相关参数　　图10-18　默认的 "ＣＣ粒子仿真系统II" 特效的效果

　　"ＣＣ粒子仿真系统 II" 特效的主要参数解释如下。

- 生长速度：用于定义在相应的位置上生成粒子的速度。
- 寿命：用于定义每一个粒子对象存在的时间长度。

- 产生点：用于定义生成粒子在 X 轴和 Y 轴的位置，以及生成粒子的位置在 X／Y 轴上的半径。
- 动画：用于定义粒子的动画模式。在右侧的下拉列表中有"爆裂""碎裂""旋转""旋转扭曲""漩涡""火焰""方向""方向规范化"和"侧向喷射"9 个选项可供选择。图 10-19 为选择不同"动画"选项的效果比较。

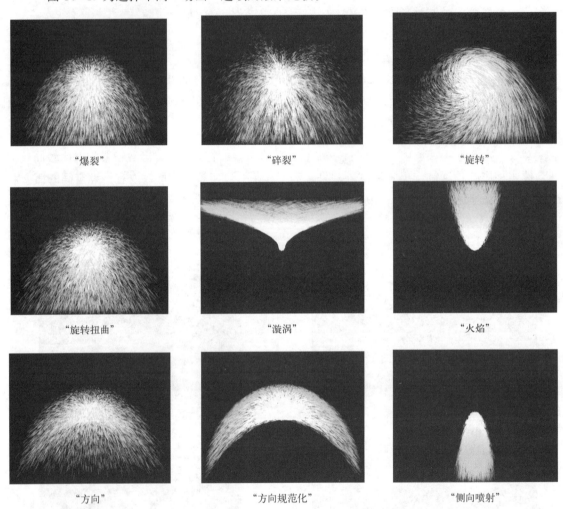

"爆裂" "碎裂" "旋转"

"旋转扭曲" "漩涡" "火焰"

"方向" "方向规范化" "侧向喷射"

图10-19　选择不同"动画"选项的效果比较

- 速率：用于定义粒子对象移动的速度。
- 继承速率％：用于定义后一个粒子对象对上一个粒子对象速度继承的百分比。
- 重力：用于定义粒子对象向下移动的速度。
- 阻力：用于定义粒子对象的分散程度。当数值较大时，粒子对象将不向多方向发射。
- 方向：用于定义粒子对象生成的方向，但最终会向下移动。
- 额外：用于定义粒子涌出时不正常的效果出现的机率。
- 粒子类型：用于定义粒子对象的属性和形状。在右侧下拉列表中有"线形""星形""明暗球状""衰减球状""明暗衰减球状""气泡""动态多边形""三角形""方形""立方体""四面体""纹理三角型""纹理方形""凸透镜""凹透镜""镜头衰减""镜头暗淡"和"镜头气泡"18种类型可供选择。

- 生成尺寸：用于定义粒子生成的尺寸。
- 消逝尺寸：用于定义粒子要消失时的尺寸。
- 大小变化：用于定义对象尺寸变化的比例。
- 透明映射：用于定义粒子对象不透明度的映射方式。在右侧的下拉列表中有"恒定""锐利淡出""淡出""淡入""淡入淡出"和"振动"6个选项可供选择。
- 最大透明度：用于定义最大的不透明程度。
- 来源Alpha通道继承：选中该复选框，将采用源Alpha通道的状态。
- 颜色映射：用于定义颜色映射到粒子上的方式。在右侧的下拉列表中有"生长到消逝""源点到消逝""生成到源点"和"恒定源点"4个选项可供选择。
- 生长颜色：单击右侧的颜色按钮，从弹出的"颜色"对话框中可以选择要定义的粒子生成时的颜色。也可以单击右侧的 ➡ （吸管工具）后在屏幕中直接吸取要使用的颜色。
- 消逝颜色：单击右侧的颜色按钮，从弹出的"颜色"对话框中可以选择要定义的粒子消失时的颜色。也可以单击右侧的 ➡ （吸管工具）后在屏幕中直接吸取要使用的颜色。
- 传送模式：用于定义粒子对象转移颜色的方式。在右侧的下拉列表中有"合成""屏幕""添加"和"黑色蒙版"4个选项可供选择。
- 随机种子：用于定义粒子的随机度。

7. "CC毛发"特效

"CC毛发"特效可以按照一个图像的内容，将相应的图像制作成毛发的效果，也可以非常容易地制作出各种草坪效果。当将"CC毛发"特效添加到一个图层中时，在"特效控制台"面板中会出现"CC毛发"特效的相关参数，如图10-20所示，图10-21为添加"CC毛发"特效前后的效果比较。

图10-20　"CC毛发"特效的相关参数　　　　图10-21　添加"CC毛发"特效前后的效果比较

"CC毛发"特效的主要参数解释如下。

- 长度：用于定义毛发的长度。

- 厚度：用于定义毛发的厚度。
- 宽度：用于定义毛发的粗细。
- 恒定量：选中该复选框，将按照图像的内容定义毛发的聚集状态。
- 密度：用于定义毛发的密度，数值越大，毛发的数量越多。图10-22为设置不同"密度"值的效果比较。

"密度"值为50   "密度"值为200

图10-22　设置不同"密度"值的效果比较

- 毛发强度：用于定义图像内容映射到毛发状态上的力度，数值越大，效果越明显。
- 映射层：用于定义要映射到毛发效果中的图像层，默认的情况下使用当前层进行映射。
- 映射特性：用于定义映射到毛发效果的通道。在右侧的下拉列表中有"红"、"绿"、"蓝"、Alpha、"照度"、"亮度"、"色调"和"饱和度"8个选项可供选择。
- 映射柔化：用于定义映射的柔化程度。图10-23为设置不同"映射柔化"值的效果比较。

"映射柔化"值为25   "映射柔化"值为100

图10-23　设置不同"映射柔化"值的效果比较

- 添加杂波：用于定义在映射的过程中添加的杂色数量。图10-24为设置不同"添加噪波"值的效果比较。
- 颜色：单击右侧的颜色按钮，从弹出的"颜色"对话框中可以选择毛发的颜色。也可以单击右侧的 ⊡（吸管工具）后在屏幕中直接吸取要使用的颜色。

"添加噪波"值为2　　　　　　　　　　　　　　"添加噪波"值为100

图10-24　设置不同"添加噪波"值的效果比较

- 颜色继承：用于定义映射图像中颜色映射到毛发中的幅度，数值越大，越接近映射图像中的颜色。图 10-25 为设置不同"颜色继承"数值的效果比较。

"颜色继承"数值为25%　　　　　　　　　　　"颜色继承"数值为100%

图10-25　设置不同"颜色继承"数值的效果比较

- 透明度：用于定义毛发效果的不透明度。
- 环境：用于定义周围阴影的强度。图 10-26 为设置不同"环境"数值的效果比较。

"环境"数值为25　　　　　　　　　　　　　　"环境"数值为100

图10-26　设置不同"环境"数值的效果比较

- 扩散：用于定义阴影散播的程度。图 10-27 为设置不同"扩散"数值的效果比较。
- 反射：用于定义阴影反射的程度。

● 粗糙度：用于定义阴影发射的粗糙程度。

"扩散"数值为50　　　　　　　　　　　　　　　"扩散"数值为100

图10-27　设置不同"扩散"数值的效果比较

8. "CC散射"特效

"CC散射"特效可以将素材变成若干个颗粒，并且调整左右两侧扭曲的程度，从而模拟出一种被吹散的效果。当将"CC散射"特效添加到一个图层中时，在"特效控制台"面板中会出现"CC散射"特效的相关参数，如图10-28所示。

"CC散射"特效的主要参数解释如下。

图10-28　"CC散射"特效的相关参数

● 散射：用于定义图像被打散的程度，数值越大，颗粒越多。图10-29为设置不同"散射"数值的效果比较。

"散射"数值为0　　　　　　　　　　　　　　　"散射"数值为30

图10-29　设置不同"散射"数值的效果比较

● 右扭曲：用于设置图像右侧扭曲的角度。
● 左扭曲：用于设置图像左侧扭曲的角度。
● 转换模式：用于定义粒子对象转移颜色的方式。在右侧的下拉列表中有"合成""屏幕""添加"和"Alpha添加"4个选项可供选择。

9. "CC水银滴落"特效

"CC水银滴落"特效可以将图像转换为水银或鎏金的动画效果。当将"CC水银滴落"特效添加到一个图层中时，在"特效控制台"面板中会出现"CC水银滴落"特效的相关参数，如图10-30所示。默认的"CC水银滴落"特效的动画效果如图10-31所示。

"CC水银滴落"特效的主要参数解释如下。

- X/Y轴半径：用于定义水银效果在X/Y轴上的半径尺寸。
- 产生点：用于定义开始生成水银效果的点在X轴和Y轴的位置。
- 方向：用于定义水银开始的流向，但是最终还是向下流淌。
- 速率：用于定义水银效果流淌的速度。
- 生长速度：用于定义水银效果生成的速度，数值越大，出现的水银效果越显著。
- 寿命（秒）：用于定义水银效果每一段保留的时间。
- 重力：用于定义水银效果向下流淌的速度。
- 阻力：用于定义水银流淌时的阻力，数值越大，水银效果将保持在一起不分开。
- 额外：用于定义水银涌出时不正常的效果出现的机率。

图10-30 "CC水银滴落"特效的相关参数

图10-31 默认的"CC水银滴落"特效的动画效果

- 动画：用于定义自动形成的动画效果的不同类型。在右侧的下拉列表中有"炸裂""碎裂""旋转""扭曲旋转""漩涡""火焰""方向""方向规范化""双向""规范化双指向""喷射"和"倾向喷射"12个选项可供选择。图10-32为选择不同"动画"选项的效果比较。

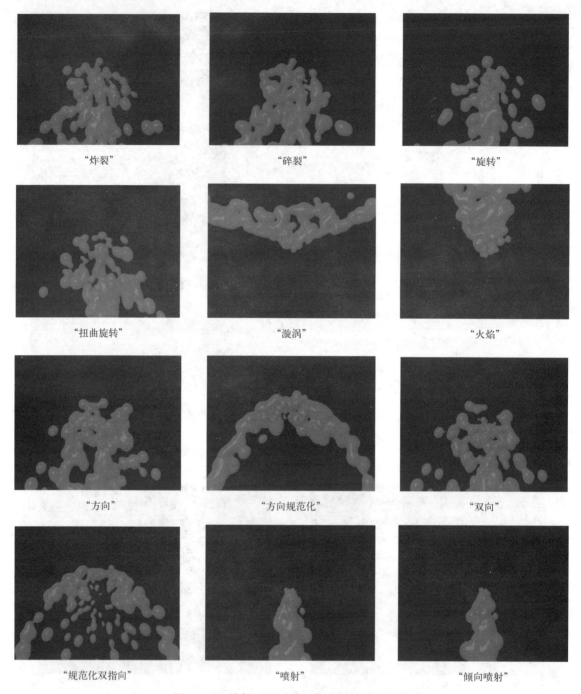

"炸裂"　　　　　　　　"碎裂"　　　　　　　　"旋转"

"扭曲旋转"　　　　　　"漩涡"　　　　　　　　"火焰"

"方向"　　　　　　　　"方向规范化"　　　　　　"双向"

"规范化双指向"　　　　"喷射"　　　　　　　　"倾向喷射"

图10-32　选择不同"动画"选项的效果比较

- 圆点影响：用于定义每一滴水银效果的变化程度。
- 影响映射：用于定义每一滴水银效果变化的方式。在右侧的下拉列表中有"滴出""滴入""滴入滴出""锐利滴出"和"恒定滴落"5个选项可供选择。
- 圆点生长尺寸：用于定义水滴效果刚刚出现时的尺寸。
- 圆点消失尺寸：用于定义水滴效果即将消失时的尺寸。

- 照明强度：用于定义照射图像的灯光强度。
- 照明颜色：单击右侧的颜色按钮，从弹出的"照明颜色"对话框中可以选择照射图像的灯光颜色。也可以单击右侧的 ▣（吸管工具）后在屏幕中直接吸取要使用的颜色。
- 灯光类型：用于定义不同的灯光类型。在右侧的下拉列表中有"平行光"和"点光"两个选项可供选择。
- 灯光高度：用于定义照射图像的灯光高度。
- 灯光位置：用于定义灯光在X轴和Y轴的位置。该项在选择"点光"灯光类型后才可以使用。
- 照明方向：用于定义灯光照射图像的角度。该项在选择"平行光"灯光类型后才可以使用。
- 环境：用于定义周围阴影的强度。图10-33为设置不同"环境"数值的效果比较。

"环境"数值为100　　　　　　　　　　　　　"环境"数值为50

图10-33　设置不同"环境"数值的效果比较

- 扩散：用于定义阴影散播的程度。图10-34为设置不同"扩散"数值的效果比较。

"扩散"数值为25　　　　　　　　　　　　　"扩散"数值为80

图10-34　设置不同"扩散"数值的效果比较

- 反射：用于定义阴影反射的程度。图10-35为设置不同"反射"数值的效果比较。

"反射"数值为100　　　　　　　　　　　　　　"反射"数值为40

图10-35　设置不同"反射"数值的效果比较

● 粗糙度：用于定义阴影的粗糙程度。图 10-36 为设置不同"粗糙度"数值的效果比较。

"粗糙度"数值为0.5　　　　　　　　　　　　　"粗糙度"数值为0.1

图10-36　设置不同"粗糙度"数值的效果比较

● 质感：用于定义金属质感的程度。图 10-37 为设置不同"质感"数值的效果比较。

"质感"数值为100　　　　　　　　　　　　　　"质感"数值为10

图10-37　设置不同"质感"数值的效果比较

● 材质透明度：用于设置材质的透明度属性。

10. "CC 细雨滴"特效

"CC 细雨滴"特效可以在图像上添加水滴溅起的效果。当将"CC 细雨滴"特效添加到一个图层中时，在"特效控制台"面板中会出现"CC 细雨滴"特效的相关参数，如图 10-38 所示。默认的"CC 细雨滴"特效的动画效果如图 10-39 所示。

图10-38 "CC细雨滴"特效的相关参数　　图10-39 默认的"CC细雨滴"特效的动画效果

"CC 细雨滴"特效的主要参数解释如下。

● 滴落率：用于定义水滴波纹的数量，数值越大，波纹越多。图 10-40 为设置不同"滴落率"值的效果比较。

"滴落率"值为1　　　　　　　　　　　　　　　"滴落率"值为2

图10-40 设置不同"滴落率"值的效果比较

● 寿命（秒）：用于定义每一个水滴水波存在的时间长度。
● 涟漪：用于定义波纹的涟漪角度。图 10-41 为设置不同"涟漪"值的效果比较。
● 置换：用于定义波纹位移的幅度。
● 波纹高度：用于定义波纹涟漪的高度。
● 扩展：用于定义波纹散布的面积。
● 使用：用于定义要使用效果中的灯光还是软件中的灯光。

"涟漪"值为1x+0.0。　　　　　　　　　　　　　　　"涟漪"值为2x+0.0。

图10-41　设置不同"涟漪"值的效果比较

● 照明强度：用于定义照射图像的灯光强度。图10-42为设置不同"照明强度"值的效果比较。

"照明强度"值为100　　　　　　　　　　　　　　　"照明强度"值为300

图10-42　设置不同"照明强度"值的效果比较

● 照明颜色：单击右侧的颜色按钮，从弹出的"照明颜色"对话框中可以选择照射图像的灯光颜色。也可以单击右侧的🔳（吸管工具）后在屏幕中直接吸取要使用的颜色。

● 灯光类型：用于定义不同的灯光类型。在右侧的下拉列表中有"点光源"和"平行光"两个选项可供选择。图10-43为选择不同"灯光类型"选项的效果比较。

"平行光"　　　　　　　　　　　　　　　　　　"点光源"

图10-43　选择不同"灯光类型"选项的效果比较

- 灯光高度：用于定义照射图像的灯光高度。
- 灯光位置：用于定义灯光在 X 轴和 Y 轴的位置。该项在选择"点光源"灯光类型后才可以使用。
- 照明方向：用于定义灯光照射图像的角度。该项在选择"平行光"灯光类型后才可以使用。
- 环境：用于定义周围阴影的强度。
- 扩散：用于定义阴影散播的程度。
- 反射：用于定义阴影反射的程度。
- 粗糙度：用于定义阴影的粗糙程度。
- 质感：用于定义金属质感的程度。

11."CC下雪"特效

"CC下雪"特效可以在相应的素材上添加下雪效果。当将"CC下雪"特效添加到一个图层中时，在"特效控制台"面板中会出现"CC下雪"特效的相关参数，如图 10-44 所示。默认的"CC下雪"特效的动画效果如图 10-45 所示。

图10-44　"CC下雪"特效的相关参数

图10-45　默认的"CC下雪"特效的动画效果

"CC下雪"特效的主要参数解释如下。

- 数量：用于定义雪花的数量。图 10-46 为设置不同"数量"值的效果比较。

"数量"值为300　　　　　　　"数量"值为3000

图10-46　设置不同"数量"值的效果比较

- 速度：用于定义雪花移动的速度。

- 幅度：用于定义下雪的随机变化的范围。
- 频率：用于定义随机变化的频率。
- 雪片大小：用于定义雪花的尺寸。图 10-47 为设置不同"雪花大小"值的效果比较。

"雪片大小"值为2   "雪片大小"值为5

图10-47   设置不同"雪花大小"值的效果比较

- 来源景深：用于定义下雪的云层深度。图 10-48 为设置不同"来源景深"值的效果比较。

"来源景深"值为300   "来源景深"值为3000

图10-48   设置不同"来源景深"值的效果比较

透明度：用于定义雪片的透明度。

12. "CC下雨"特效

"ＣＣ下雨"特效可以在相应的素材上添加下雨效果。当将"ＣＣ下雨"特效添加到一个图层中时，在"特效控制台"面板中会出现"ＣＣ下雨"特效的相关参数，如图 10-49 所示。默认的"ＣＣ下雨"特效的动画效果如图 10-50 所示。

图10-49   "ＣＣ下雨"特效的相关参数

图10-50　默认的"CC下雨"特效的动画效果

"CC下雨"特效的主要参数解释如下。

- 数量：用于定义下雨的数量，数值越大，雨下的越大。图10-51为设置不同"数量"值的效果比较。

"数量"值为1000　　　　　　　　　　　"数量"值为3000

图10-51　设置不同"数量"值的效果比较

- 速度：用于定义雨滴移动的速度。
- 角度：用于定义雨滴运动的角度。图10-52为设置不同"角度"值的效果比较。

"角度"值为10　　　　　　　　　　　"角度"值为50

图10-52　设置不同"角度"值的效果比较

- 角度变化：用于定义雨滴运动的角度随机变化的范围。
- 雨滴大小：用于定义雨滴的尺寸。图10-53为设置不同"雨滴大小"值的效果比较。
- 透明度：用于定义雨滴效果的透明度。
- 来源景深：用于定义下雨云层的深度。

"雨滴大小"值为5

"雨滴大小"值为15

图10-53　设置不同"雨滴大小"值的效果比较

13 "CC 像素多边形"特效

"CC 像素多边形"特效可以模拟图像被炸碎并按照不同的方向或角度进行抛射移动的效果。当将"CC 像素多边形"特效添加到一个图层中时，在"特效控制台"面板中会出现"CC 像素多边形"特效的相关参数，如图10-54所示。默认的"CC 像素多边形"特效的动画效果如图10-55所示。

图10-54　"CC 像素多边形"特效的相关参数

"CC 像素多边形"特效的主要参数解释如下。

- 力度：用于定义爆炸的力度，数值越大，相应的碎片起始的移动速度越大。

图10-55　默认的"CC像素多边形"特效的动画效果

- 重力：用于定义碎片向下移动的速度。
- 旋转：用于定义每一个碎片自行旋转的圈数和度数。
- 力点中心：用于定义爆破的中心在 X 轴和 Y 轴的位置。
- 随机方向：用于定义碎片对象在移动时方向的任意性比例。
- 随机速度：用于定义碎片对象在移动时速度的任意性比例。
- 网格间隔：用于定义每一个碎片的间隔，也就是每一个碎片的尺寸。数值越大，碎片的尺寸越大。
- 对象：用于定义碎片对象的状态。在右侧下拉列表中有"多边形""纹理多边形""方形"和"纹理方形"4个选项可供选择。图10-56为选择不同选项的效果比较。

"多边形"

"纹理多边形"

"方形"

"纹理方形"

图10-56　为选择不同选项的效果比较

● 启用景深类别：选中该复选框后，可以按照碎片的深度进行分类。

14."CC星爆"特效

"CC星爆"特效可以模拟在星际中穿梭的动画效果。当将"CC星爆"特效添加到一个图层中时，在"特效控制台"面板中会出现"CC星爆"特效的相关参数，如图10-57所示。默认的"CC星爆"特效的动画效果如图10-58所示。

图10-57　"CC星爆"特效的
相关参数

图10-58　默认的"CC星爆"特效的动画效果

"CC星爆"特效的主要参数解释如下。

- 散射：用于定义颗粒散射的密度，数值越大，颗粒越散。图 10-59 为设置不同"散射"数值的效果比较。

"散射"值为100　　　　　　　　　　　　　　　　"散射"值为200

图10-59　设置不同"散射"数值的效果比较

- 速度：用于定义颗粒移动的速度。
- 相位：用于定义颗粒移动的角度相位。
- 网格间隔：用于定义生成颗粒的间距，间距越大，相应的颗粒尺寸也会变大。图 10-60 为设置不同"网格间隔"数值的效果比较。

"网格间隔"值为4　　　　　　　　　　　　　　　"网格间隔"值为10

图10-60　设置不同"网格间隔"数值的效果比较

- 大小：用于定义颗粒的尺寸。图 10-61 为设置不同"大小"数值的效果比较。

 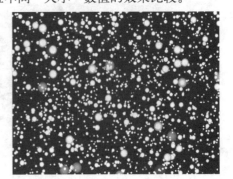

"大小"值为100　　　　　　　　　　　　　　　　"大小"值为200

图10-61　设置不同"大小"数值的效果比较

● 与原始图像混合：用于定义效果和原图像的混合程度。

15"焦散"特效

"焦散"特效用于模拟水中反射和折射的自然效果，该特效常配合"电波"和"水波世界"特效使用。图10-62为原图、"水波世界"效果和应用了"焦散"特效之后的效果。图10-63为原图、"电波"效果和应用了"焦散"特效之后的效果。当将"焦散"特效添加到一个图层中时，在"特效控制台"面板中会出现"焦散"特效的相关参数，如图10-64所示。

原图

"水波世界"

"焦散"

图10-62 "焦散"特效应用1

原图

"水波"

"焦散"

图10-63 "焦散"特效应用2

"焦散"特效的主要参数解释如下。

● 下：在该区域中可以设置对图像添加底部区域特效的相关参数。

■ 下：用于定义叠加显示的素材图像层。

■ 缩放：用于定义底层缩放的比例。

■ 重复模式：用于定义底层不同的重复模式。在右侧下拉列表中有"一次""平铺"和"反射"3个选项可供选择。

■ 如果图层大小不同：用于定义当两个图层的尺寸不同时的处理方式。在右侧的下拉列表中有"中心聚拢"和"缩放至全屏"两个选项可供选择。

■ 模糊：用于定义图像的模糊程度。

● 水：在该区域中可以设置对图像添加水面区域特效的相关参数。

图 10-64 "焦散"特效的相关参数

- 水面：用于定义水效果的表面图像层。
- 波形高度：用于定义水效果中波纹的高度。
- 平滑：用于定义波纹的平滑程度。图 10-65 为设置不同"平滑"数值的效果比较。

"平滑"值为1　　　　　　　　　　　　　　　　"平滑"值为20

图10-65　设置不同"平滑"数值的效果比较

- 水深：用于定义水效果中水的深度。图 10-66 为设置不同"水深"数值的效果比较。

"水深"值为0.2　　　　　　　　　　　　　　　　"水深"值为1

图10-66　设置不同"水深"数值的效果比较

- 折射率：用于设置水效果中反射光的程度。图 10-67 为设置不同"折射率"数值的效果比较。

"折射率"值为1.2　　　　　　　　　　　　　　　　"折射率"值为2

图10-67　设置不同"折射率"数值的效果比较

- 表面色：用于定义水效果表面的颜色。
- 表面透明度：用于定义水表面的透明度。图10-68设置不同"表面透明度"数值的效果比较。

"表面透明度"值为0.3　　　　　　　　　　　　　　"表面透明度"值为0.6

图10-68　设置不同"表面透明度"数值的效果比较

- 焦散强度：用于定义焦散的强度。数值越大，物体边缘的水波越明亮。图10-69设置不同"焦散强度"数值的效果比较。

"焦散强度"值为0　　　　　　　　　　　　　　　　"焦散强度"值为2

图10-69　设置不同"焦散强度"数值的效果比较

- 天空：在该区域中可以设置对图像添加天空区域特效的相关参数。
  - 天空：用于定义要作为天空纹理效果的图层。
  - 缩放：用于定义对纹理图层进行缩放的比例。
  - 重复模式：用于定义天空纹理重复的方式。在右侧的下拉列表中有"一次""平铺"和"反射"3个选项可供选择。
  - 如果图层大小不同：用于定义当两个图层的尺寸不同时的处理方式。在右侧的下拉列表中有"中央"和"缩放至全屏"两个选项可供选择。
  - 强度：用于定义天空效果的强烈程度。
  - 聚合：用于定义天空效果的聚合程度。
- 照明：在该区域中可以设置对图像添加照明区域特效的相关参数。
  - 灯光类型：用于定义不同的灯光类型。在右侧的下拉列表中有"点光源""远距光"和"首选合成照明"3个选项可供选择。

- 照明强度：用于定义照射图像的灯光强度。
- 照明色：用于定义照射图像的灯光颜色。
- 灯光位置：用于定义灯光在 X 轴和 Y 轴的位置。
- 灯光高度：用于定义照射图像的灯光高度。
- 环境光：用于定义环境光的强度。

● 质感：在该区域中可以设置对图像添加质感区域特效的相关参数。

- 漫反射：用于定义漫反射的系数。图 10-70 为设置不同"漫反射"数值后的效果比较。

"漫反射"值为0.75   "漫反射"值为2

图10-70　设置不同"漫反射"数值的效果比较

- 镜面反射：用于定义镜面反射的系数。图 10-71 为设置不同"镜面反射"数值后的效果比较。

"镜面反射"值为0.1   "镜面反射"值为0.5

图10-71　设置不同"镜面反射"数值的效果比较

- 高光锐度：用于定义高光区域范围。图 10-72 为设置不同"高光锐度"数值后的效果比较。

16."卡片舞蹈"特效

"卡片舞蹈"特效可以根据指定层的特征分割画面，产生卡片舞蹈的效果。该特效是一个真正的三维特效，可以在 X、Y、Z 轴上对卡片进行位移、旋转或者比例缩放等操作，还可以设置灯光方向和材质属性。当将"卡片舞蹈"特效添加到一个图层中时，在"特效控制台"面板中会出现"卡片舞蹈"特效的相关参数，如图 10-73 所示。图 10-74 为对图像添加"卡片舞蹈"

特效后的动画效果。

"高光锐度"值为10

"高光锐度"值为60

图10-72 设置不同"高光锐度"数值的效果比较

图10-73 "卡片舞蹈"特效的相关参数

图10-74 为对图像添加"卡片舞蹈"特效后的动画效果

"卡片舞蹈"特效的主要参数解释如下。

- 行与列：用于定义行和列的设置方式。在右侧的下拉列表中有"独立"和"列跟随行"两个选项可供选择。
- 行：用于定义分裂碎片时行的数量。
- 列：用于定义分裂碎片时列的数量。该项只有在选择"独立"时才可使用。
- 背面层：用于定义碎片使用的图层。
- 倾斜图层1/2：用于定义作为向导的图像。如果将图形打散成块，则要根据此图像进行分割。
- 旋转顺序：用于定义旋转轴向的排列顺序。在右侧下拉列表中有 X Y Z、X Z Y、Y X Z、Y Z X、Z X Y 和 Z Y X 6 个选项可供选择。
- 顺序变换：用于定义碎片变形时，采用的属性顺序。在右侧下拉列表中有"位置、旋转、缩放""位置、缩放、旋转""旋转、位置、缩放""旋转、缩放、位置""缩放、位置、旋转"和"缩放、旋转、位置"6个选项可供选择。
- X／Y／Z 轴位置：用于定义生成的碎片在 X／Y／Z 轴的位置。
- X／Y／Z 轴旋转：用于定义生成的碎片图像在 X／Y／Z 轴的旋转角度。
- X／Y 轴比例：用于定义生成的碎片图像在 X／Y 轴的比例。
- 摄像机系统：用于设置观察摄像机的机位。在右侧的下拉列表中有"摄像机位置""角度"和"合成摄像机" 3 个选项可供选择。
- 摄像机位置：用于设置照射图像的摄像机的属性。
  - X／Y／Z轴旋转：用于定义摄像机在 X／Y／Z 轴方向上的旋转角度。
  - X, Y 位置：用于定义摄像机在 X 和 Y 轴上的位置。
  - Z 位置：用于定义摄像机在 Z 轴上的位置。
- 角度：用于定义摄像机的角度。该项只有在选择"角度"摄像机系统时才可以使用。
- 照明：用于对照射图像的相应对光进行调整。
  - 灯光类型：用于定义不同的灯光类型。在右侧的下拉列表中有"点光源""远距光"和"首选合成照明" 3 个选项可供选择。
  - 照明强度：用于定义照射图像的灯光强度。
  - 照明色：用于定义照射图像的灯光颜色。
  - 灯光位置：用于定义照射图像的灯光位置。
  - 灯光纵深：用于定义照射图像的灯光深度。
  - 环境光：用于定义环境光的强度。
- 质感：用于对照射图像的相应对光的质感进行调整。
  - 漫反射：用于定义漫反射的系数。
  - 镜面反射：用于定义镜面反射的系数。
  - 高光锐度：用于定义高光区域的范围。

17. "粒子运动"特效

"粒子运动"特效是一个功能强大的粒子运动效果，可以产生大量相似物体独立运动的动画效果。粒子效果主要用于模拟现实世界中物体间的相互作用，如喷泉、雪花等效果。当将"粒子运动"特效添加到一个图层中时，在"特效控制台"面板中会出现"粒子运动"特效的相关参数，如图 10-75 所示。图 10-76 为默认的对图像添加"粒子运动"特效后的动画效果。

图10-75　"粒子运动"特效的相关参数

图10-76　为对图像添加"粒子运动"特效后的动画效果

"粒子运动"特效的主要参数解释如下。

- 发射：用于产生持续的粒子流。
  - 位置：用于确定发射点的位置。

- 圆筒半径：用于定义柱体半径尺寸。
- 粒子／秒：用于定义每秒产生粒子的数量。数值越大，产生的粒子越多。
- 方向：用于定义粒子发射的角度。图 10-77 为设置不同"方向"数值后的效果比较。

"方向"值为30   "方向"值为300

图10-77　设置不同"方向"数值的效果比较

- 随机扩散方向：用于定义随机扩散的方向。图 10-78 为设置不同"随机扩散方向"数值后的效果比较。

"随机扩散方向"值为30   "随机扩散方向"值为300

图10-78　设置不同"随机扩散方向"数值的效果比较

- 速度：用于定义粒子发射的初始速度。图 10-79 设置不同"速度"数值的效果比较。

"速度"值为100   "速度"值为200

图10-79　设置不同"速度"数值的效果比较

■ 随机扩散速度：用于定义粒子速度的随机量。图 10-80 设置不同"随机扩散速度"数值的效果比较。

"速度"值为100　　　　　　　　　　　　"速度"值为200

图10-80　设置不同"随机扩散速度"数值的效果比较

■ 颜色：用于定义圆点粒子或文本粒子的颜色。

■ 粒子半径：用于定义圆点粒子的尺寸（以像素为单位）或字符的尺寸（以点为单位）。数值为 0 时不产生粒子。

● 栅格：用于产生粒子面。

■ 位置：用于定义网格中心的 X 和 Y 坐标。

■ 宽度：用于定义网格的边框宽度。

■ 高度：用于定义网格的边框高度。

■ 粒子交叉：用于定义网格区域中水平方向产生的粒子数。

■ 粒子下降：用于定义网格区域中垂直方向产生的粒子数。

■ 颜色：用于定义圆点粒子或文本粒子的颜色。

■ 粒子半径：用于定义圆点粒子的尺寸（以像素为单位）或字符的尺寸（以点为单位）。数值为 0 时不产生粒子。

● 图层爆炸：用于将目标层分裂为粒子，可以模拟爆炸、烟火等效果。

■ 爆炸图层：用于选择要爆炸的图层。

■ 新建粒子半径：用于定义爆炸所产生粒子的半径值。该数值一定要小于原始层的数值。

■ 分散速度：用于定义所产生粒子速度变化范围的最大值。较高值会产生一个更分散的爆炸，较低值则会使新粒子聚集在一起。

● 粒子爆炸：用于将一个粒子分裂为许多新的粒子。

■ 新建粒子半径：用于定义爆炸后产生粒子的半径值。该数值一定要小于原始层的数值。

■ 分散速度：用于定义所产生粒子速度变化范围的最大值。较高的数值会产生一个更分散的爆炸，较低值则会使新粒子聚集在一起。

■ 反击：用于定义哪些粒子受选项的影响。

❖ 粒子：用于选择粒子发生器。在右侧的下拉列表中有 16 种粒子发生器类型可供选择，如图 10-81 所示。

❖ 选择映射：用于指定映射图层。

❖ 字符：用于指定受当前选项影响的字符的文本区域。该项只有在将文本字符作为粒子使用时才有效。

❖ 旧／新：用于指定年龄阈值，以秒为单位。指定正值会影响旧的粒子，指定负值会影响新的粒子。

❖ 平均羽化：用于定义年龄羽化值，以秒为单位指定一个时间范围，该范围内所有旧的和年轻的粒子都会被羽化或柔和。

图10-81　"粒子发生器"类型

● 图层映射：默认情况下，粒子发生器发射的为小方块粒子。在该区域中可以指定任意层作为粒子的贴图来替代小方块。

■ 使用图层：用于指定映射的图层。图 10-82 为默认的粒子效果，图 10-83 为用飞龙序列图片替代小方块粒子的画面效果。

图10-82　默认的粒子效果

图10-83　用飞龙序列图片替代小方块粒子的画面效果

■ 时间偏移类型：用于控制时间偏移的类型。在右侧的下拉列表中有"绝对""相对""绝对随机"和"相对随机"4 个选项可供选择。

■ 时间偏移：用于控制时间偏移效果的时间。

■ 反击：用于定义哪些粒子受选项的影响。

● 重力：用于定义影响粒子运动的方向。

■ 力：用于控制重力的影响。数值越大受重力影响越大，正的数值会使重力沿重力方向影响粒子，负的数值会使重力沿重力反方向影响粒子。

■ 随机扩散力：用于定义重力影响力的随机值范围。值为 0 时，所有粒子都以相同的速率下落；当值为一个较高的值时，粒子会以不同的速率下落。

■ 方向：用于设置重力的方向，默认情况下，重力向下。

■ 反击：用于定义哪些粒子受选项的影响。

● 排斥：用于定义相邻的粒子的相互排斥或吸引。

■ 力：用于定义排斥力的影响程度。正值排斥，负值吸引。

■ 力半径：用于定义粒子受到排斥或吸引力的范围。

■ 排斥物：用于指定哪些粒子作为一个粒子子集的排斥源或吸引源。

■ 反击：用于定义哪些粒子受选项的影响。

- 墙：用于定义粒子移动的区域。
  - 边界：用于选择一个遮罩作为边界墙。
  - 反击：用于定义哪些粒子受选项的影响。
- 持续特性映射：持续特性映射会持续改变粒子最近的行为值，直到另一个运算（如排斥、重力或墙）修改粒子属性。
  - 使用图层作为映射：用于选择一个层作为影响粒子的层映射。
  - 反击：用于定义哪些粒子受选项的影响。
  - 映射红色到：利用层映射的 RGB 通道中的红色控制粒子属性。
  - 映射绿色到：利用层映射的 RGB 通道中的绿色控制粒子属性。
  - 映射蓝色到：利用层映射的 RGB 通道中的蓝色控制粒子属性。
  - 最小／最大：当层映射亮度值的范围太宽或太窄时，可用最小和最大选项来拉伸、压缩或移动层映射所产生的范围。
- 短暂特性映射：短暂特性映射会在每一帧后恢复粒子属性为初始值。其参数与持续属性映射器相同，这里就不赘述了。

18."泡沫"特效

"泡沫"特效用于模拟气泡、水珠等流体效果，可以控制气泡的粘性、柔韧性及寿命，甚至可以在气泡中反射图像。当将"泡沫"特效添加到一个图层中时，在"特效控制台"面板中会出现"泡沫"特效的相关参数，如图 10-84 所示。默认的"泡沫"特效的动画效果如图 10-85 所示。

图10-84　"泡沫"特效的相关参数　　　　图10-85　为对图像添加"泡沫"特效后的动画效果

"泡沫"特效的主要参数解释如下。

● 查看：用于定义在合成窗口中查看气泡效果的方式。在右侧的下拉列表中"草稿""草稿＋流动映射"和"渲染"3个选项可供选择。选择"草稿"选项，将以草图模式渲染气泡效果，如图10-86所示，此时不能看到气泡的最终效果，但可以预览气泡的运动方式和设置状态，该方式计算速度非常快；选择"草稿＋流动映射"选项，则可以在为特效指定了影响通道后看到指定的影响对象，如图10-87所示；选择"渲染"选项，则可以在完全预览气泡的最终效果，如图10-88所示。

图10-86　"草稿"效果　　　　图10-87　"草稿+流动映射"效果　　　　图10-88　"渲染"效果

● 生成：用于对气泡的粒子发射器进行设置。

　■ 产生点：用于定义气泡点在X轴和Y轴上的位置。

　■ 制作X/Y大小：用于定义生成气泡的位置在X/Y轴上的半径。

　■ 产生方向：用于定义产生气泡的角度。

　■ 产生速率：用于定义产生气泡的速率。

● 泡沫：用于对气泡粒子的尺寸、生命以及强度进行控制。

　■ 大小：用于定义气泡粒子的尺寸大小。

　■ 大小差异：用于定义气泡粒子的大小差异。数值越高，每个粒子间的大小差异越大。图10-89为设置不同"大小差异"数值的大小比较。

"大小差异"值为0　　　　　　　　　　　"大小差异"值为0.5

图10-89　设置不同"大小差异"数值的效果比较

　■ 寿命：用于定义每个粒子的生命值，也就是粒子从产生到消亡之间的时间。

　■ 泡沫增长速度：用于定义每个粒子的生命值。

　■ 强度：用于定义粒子的密度。图10-90为设置不同"强度"数值的效果比较。

"强度"值为2　　　　　　　　　　　　　　　　　"强度"值为10

图10-90　设置不同"强度"数值的效果比较

- 物理：用于控制影响粒子的运动因素。
  - 初始速度：用于定义气泡在刚刚生成时的速度。
  - 初始方向：用于定义气泡刚刚生成时的角度。
  - 风速：用于定义气泡被风吹动的速度。
  - 风向：用于定义气泡被风吹动的方向。
  - 乱流：用于定义气泡的抖动范围。
  - 晃动量：用于定义气泡动荡出现的次数。
  - 排斥力：用于定义各个气泡之间的排斥力度。数值越高，粒子之间的排斥力越强。
  - 弹跳速率：用于定义气泡爆破的速度。图10-91为设置不同"弹跳速率"数值的效果比较。

"弹跳速率"值为0　　　　　　　　　　　　　　　　"弹跳速率"值为0.5

图10-91　设置不同"强度"数值的效果比较

  - 粘度：用于定义气泡之间的粘连度。图10-92为设置不同"粘度"数值的效果比较。
  - 粘着性：用于定义气泡之间的粘连的机率。图10-93为设置不同"粘着性"数值的效果比较。
- 缩放：用于对粒子效果进行缩放。
- 总体范围大小：用于控制粒子效果的综合尺寸。
- 渲染：用于控制粒子的渲染属性。
  - 混合模式：用于设置粒子间的混合模式。在右侧的下拉列表中有"透明""旧实体在上"和"新实体在上"3个选项可供选择。

"粘度"值为0　　　　　　　　　　　　　　　"粘度"值为0.5

图10-92　设置不同"粘度"数值的效果比较

　　　"粘着性"值为0　　　　　　　　　　　　　　"粘着性"值为0.5

图10-93　设置不同"粘着性"数值的效果比较

■ 泡沫材质：用于定义气泡粒子的纹理方式。在右侧的下拉列表中有"用户定义""默认泡沫""琥珀色啤酒""水珠""唾沫""卡通咖啡""冬季水流""汽水""橘子水""核废料""红潮""岩浆大理石""日落泡沫""蛋白""水藻""水泡""泡沫覆盖"和"葡萄汽水"18种泡沫材质可供选择。图10-94为除"用户定义"外的其余17种泡沫材质的效果比较。

"默认泡沫"　　　　　　　"琥珀色啤酒"　　　　　　　"水珠"

"唾沫"　　　　　　　"卡通咖啡"　　　　　　　"冬季水流"

图10-94　除"用户定义"外的其余17种泡沫材质的效果比较

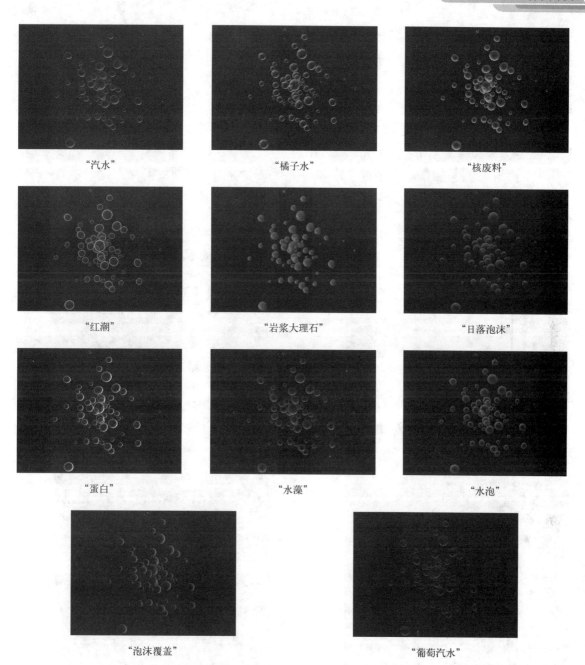

"汽水"　　　　　　　　"橘子水"　　　　　　　　"核废料"

"红潮"　　　　　　　"岩浆大理石"　　　　　　"日落泡沫"

"蛋白"　　　　　　　　"水藻"　　　　　　　　"水泡"

"泡沫覆盖"　　　　　　　　　　"葡萄汽水"

图10-94　除"用户定义"外的其余17种泡沫材质的效果比较（续）

- 泡沫材质层：当选择"用户定义"泡沫材质后，在此处可以定义气泡纹理所采用的图层。
- 泡沫方向：用于定义气泡的方向。在右侧的下拉列表中有"固定""物理定向"和"泡沫速度"3个选项可供选择。
- 环境映射：用于设置环境的贴图图层。
- 反射强度：用于定义气泡反射效果的强度。
- 反射聚焦：用于定义气泡反射环境的聚集程度。

● 流动映射：用于指定一个层来影响粒子效果。
● 模拟品质：用于设置气泡粒子的方针质量。
● 随机种子：用于控制气泡粒子的随机中子数。

19."水波世界"特效

"水波世界"特效可以创建若干虚拟的平面，并在这些平面上实现波浪的效果。当将"水波世界"特效添加到一个图层中时，在"特效控制台"面板中会出现"水波世界"特效的相关参数，如图10-95所示。默认的"水波世界"特效的动画效果如图10-96所示。

图10-95 "水波世界"特效的相关参数　　　图10-96　为对图像添加"水波世界"特效后的动画效果

"水波世界"特效的主要参数解释如下。

● 查看：用于定义在合成窗口中查看效果的方式。在右侧的下拉列表中有"线框图预览"和"高度贴图"两个选项可供选择。图10-97为选择不同"查看"选项的效果比较。

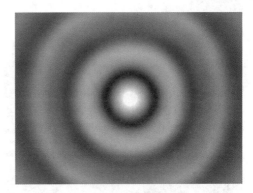

选择"线框图预览"　　　　　　　　　　　　　　　　　选择"高度贴图"

图10-97　选择不同"查看"选项的效果比较

- 线框图控制：用于对线框视图进行控制。
  - 水平旋转：用于定义水平方向的旋转角度。
  - 垂直旋转：用于定义垂直方向的旋转角度。
  - 垂直比例：用于定义垂直方向的缩放比例。
- 高度贴图控制：用于对灰度位移图进行控制。
  - 亮度：用于设置亮度，在"线框图预览"图像上表示为两个亮面的位移。图10-98为设置不同"亮度"数值的效果比较。

"亮度"值为0.3

"亮度"值为0.6

图10-98　设置不同"亮度"数值的效果比较

■ 对比度：用于设置对比度。在"线框图预览"图像上表示为两个蓝色平面的距离。图10-99 为设置不同"对比度"数值的效果比较。

"对比度"值为0.3

"对比度"值为0.5

图10-99　设置不同"对比度"数值的效果比较

■ Gamma 调节：用于控制位移图的 Gamma 值。用户可以通过调节 Gamma 参数控制位移图的中间色调。

■ 渲染干燥区域为：用于设置渲染区域的显示方式。

■ 透明度：用于设置相应的透明度。

● 模拟：用于定义波浪的仿真效果。

■ 栅格分辨率：用于定义网格的分辨率。

■ 栅格分辨率下取样：选中该复选框，将允许网格分辨率向下重新采样。

■ 波形速度：用于定义波纹运动的速度。图10-100 为设置不同"波形速度"数值的效果比较。

■ 衰减：用于定义波纹的衰减速度。图10-101 为设置不同"衰减"数值的效果比较。

■ 边缘反射：用于定义边缘的反射方式。

■ 预滚（秒）：用于定义滚动的时间长度。

● 地面：用于定义产生效果的素材。

■ 地面：用于定义用来制作效果的原始素材。

■ 倾斜度：用于定义生成波纹的深度。

■ 高度：用于定义生成波纹的高度。

"波形速度"为0.3

"波形速度"为0.6

图10-100 设置不同"波形速度"数值的效果比较

"衰减"为0.1

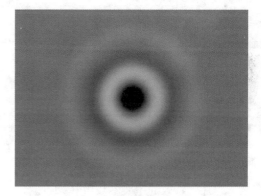

"衰减"为0.5

图10-101 设置不同"衰减"数值的效果比较

- 波形强度：用于定义生成波纹的张力大小。
- 制作1/制作2：用于设置波纹发生器的属性。
  - 类型：用于定义生成器的类型。在右侧的下拉列表中有"环形"和"线性"两个选项可供选择。
  - 位置：用于定义波纹在 X 轴和 Y 轴的位置。
  - 高度／长度：用于定义波纹的高度／长度。
  - 宽度：用于定义波纹的宽度。
  - 角度：用于定义波纹的旋转角度。
  - 振幅：用于定义波纹的最大振幅。
  - 频率：用于定义波纹的频率。
  - 相位：用于定义波纹的相位。

20. "碎片"特效

"碎片"特效可以对图像进行爆炸处理，使其产生飞散的碎片。当将"碎片"特效添加到一个图层中时，在"特效控制台"面板中会出现"碎片"特效的相关参数，如图 10-102 所示。默认的"碎片"特效的动画效果如图 10-103 所示。

图10-102 "碎片"特效的相关参数

图10-103 对图像添加"碎片"特效后的动画效果

"碎片"特效的主要参数解释如下。

● 查看：用于定义在合成窗口中的显示方式。在右侧的下拉列表中有"渲染""线框图正面查看""线框""线框图正面查看＋聚焦"和"线框图＋聚焦"5个选项可供选择。图10-104为选择不同"查看"选项的效果比较。

"渲染"

"线框图正面查看"

"线框"

"线框图正面查看+聚焦"

"线框图+聚焦"

图10-104 选择不同"查看"选项的效果比较

- 渲染：用于定义渲染图像的部分。在右侧的下拉列表中有"全部""图层"和"碎片"3个选项可供选择。
- 外形：用于定义爆炸产生碎块的形状。
  - 图案：用于定义爆炸产生碎块的图案。在右侧的下拉列表中有"自定义""砖块""木工转盘""雪佛龙""新月形""蛋形""玻璃""人字形1""人字形2""六边形""Alpha字母'J'""八角形与正方形""覆盖正方形""木板""拼图""菱形""正方形""正方形和三角形""星形和三角形""三角形1"和"三角形2"21种图案可供选择。图10-105为"线框"查看类型下除"用户定义"外的其余17种图案的效果比较。

图10-105　除"用户定义"外的其余20种图案的效果比较

"木板" "拼图" "菱形"

"正方形" "正方形和三角形" "星形和三角形"

"三角形1" "三角形2"

图10-105　除"用户定义"外的其余20种图案的效果比较（续）

- 自定义碎片映射：当选择"用户定义"图案后，在此处可以定义一个图层映射物体爆炸的效果。
- 白色平铺固定：选中该复选框，将使用白色平铺固定。
- 反复：用于定义爆炸重复的次数。
- 方向：用于定义爆炸放射的方向。
- 焦点：用于定义爆炸开始点在 X 轴和 Y 轴上的位置。
- 挤压深度：用于定义生成碎片的厚度。图 10-106 为"渲染"查看类型下不同"挤压深度"数值的效果比较。

"挤压深度"值为0.2 "挤压深度"值为0.6

图10-106　"渲染"查看类型下不同"挤压深度"数值的效果比较

- 焦点1/焦点2：用于定义爆炸的作用力。
  - 位置：用于定义爆炸力作用点在X轴和Y轴的位置。
  - 深度：用于定义爆炸力作用的深度。
  - 半径：用于定义爆炸力作用的半径。
  - 强度：用于定义爆炸力的力度。正值向前发力，负值向后发力。
- 倾斜：用于定义生成的爆炸效果。
  - 碎片界限值：用于定义爆炸的最大范围。
  - 倾斜图层：用于定义作为渐变的图层。
  - 反转倾斜：选中该复选框，将对渐变效果进行反转。
- 物理：用于定义爆炸的各种物理参数。
  - 旋转角度：用于定义旋转的角度。图10-107为设置不同"旋转角度"数值的效果比较。

　　　　"旋转角度"值为0.2　　　　　　　　　　　"旋转角度"值为0.5

图10-107　设置不同"旋转角度"数值的效果比较

  - 滚动轴：用于定义旋转的轴向。在右侧的下拉列表中有"自由""无""X""Y""Z""XY""XZ"和"YZ"8个选项可供选择。
  - 随机度：用于定义碎片飞行的随机性。
  - 粘性：用于定义碎片的粘合性，较高的数值会使碎片聚集在一起。
  - 变量：用于定义碎片变化的百分比。
  - 重力：用于定义碎片向下移动的速度。
  - 重力方向：用于定义重力的方向。
  - 重力倾斜：用于定义重力的渐变倾斜。
- 纹理：用于定义爆炸碎片的颜色、纹理等参数。
  - 颜色：用于定义爆炸碎片的颜色。
  - 透明度：用于定义爆炸碎片的部透明度。
  - 正面模式：用于定义爆炸区域正面的模式。
  - 正面图层：用于定义用于正面的图层。
  - 侧面模式：用于定义爆炸区域侧面的模式。
  - 侧面图层：用于定义用于侧面的图层。
  - 摄像机系统：用于定义使用的摄像机系统。在右侧的下拉列表中有"摄像机位置""角度"和"合成摄像机"3个选项可供选择。

- 摄像机位置：用于设置摄像机的参数。当选择"摄像机位置"摄像机系统时该项才可用。
- 角度：用于定义摄像机取景角点的位置。当选择"摄像机位置"摄像机系统时该项才可用。
- 照明：用于定义照射图像的灯光。
  - 灯光类型：用于定义不同的灯光类型。在右侧的下拉列表中有"点光源""远距光"和"首选合成照明" 3 个选项可供选择。
  - 照明强度：用于定义照射图像的灯光强度。
  - 照明色：用于定义照射图像的灯光颜色。
  - 灯光位置：用于定义照射图像的灯光颜色。
  - 照明纵深：用于定义照射图像的灯光深度。
  - 环境光：用于定义环境光的强度。
- 质感：用于定义素材的材质属性。
  - 漫反射：用于定义漫反射的系数。
  - 镜面反射：用于定义镜面反射的系数。
  - 高光锐度：用于定义高光区域的范围。

10.2　实　例　讲　解

本节将通过 5 个实例来讲解仿真效果在实际工作中的具体应用，旨在帮助读者能够理论联系实际，快速掌握仿真效果的相关知识。

10.2.1　下雨效果

要点

　　本例将利用After Effects CS6自身的特效，制作从上往下看的下雨及下雨时的水面涟漪效果，如图10-108所示。通过学习本例，读者应掌握"杂波""CC细雨滴""CC粒子仿真世界""高斯模糊"特效和遮罩的综合应用。

图10-108　下雨效果

操作步骤

1．制作涟漪的水面效果

　　（1）启动 After Effects CS6，执行菜单中的"图像合成 | 新建合成组"命令，在弹出的对话框中设置参数，如图 10-109 所示，单击"确定"按钮。

(2) 创建water固态层。方法为: 执行菜单中的"图层| 新建| 固态层"命令, 在弹出的"固态层设置"对话框中设置"名称"为water, "颜色"为"暗蓝色" (RGB (75, 95, 115)), 然后单击"制作为合成大小"按钮, 如图10-110所示, 再单击"确定"按钮, 从而生成一个与合成图像等大的固态层, 效果如图10-111所示。

(3) 为了使背景更加真实, 下面对water层进行噪波处理。方法: 选择water层, 执行菜单中的"效果|杂波与颗粒|杂波"命令, 然后在"特效控制台"面板中设置"杂波值"为5.0%, 取消选中"使用彩色杂波"复选框, 如图10-112所示, 效果如图10-113所示。

(4) 执行菜单中的"效果|模拟仿真|ＣＣ细雨滴"命令, 然后在"特效控制台"面板中设置参数如图10-114所示。此时播放动画, 即可看到动态的水波涟漪效果, 如图10-115所示。

图10-109 设置合成图像参数

图10-110 设置固态层参数

图10-111 新建的water固态层

图10-112 设置"杂波"参数

(5) 为了增强背景的层次感, 聚集视觉效果, 下面为water添加一个蒙版。方法: 执行菜单中的"图层|新建|固态层"命令, 新建一个"名称"为mask, "颜色"为"黑色", 大小与合成图像等大的固态层。然后执行菜单中的"图层|遮罩|新建遮罩"命令, 为该图层创建一个蒙版。接着在时间线中展开mask层的"遮罩1"属性, 设置参数如图10-116所示, 效果如图10-117所示。

图10-113　杂波效果

图10-114　设置"CC细雨滴"参数

图10-115　设置"CC细雨滴"参数后的效果

图10-116　设置"遮罩1"的参数

图10-117　设置"遮罩1"参数后的效果

2. 制作下雨效果

（1）执行菜单中的"图层 | 新建 | 固态层"命令，新建一个"名称"为rain，"颜色"为"白色"，大小与合成图像等大的固态层，此时时间线分布如图10-118所示。

图10-118 时间线分布

（2）选择 rain 层，执行菜单中的"效果|模拟仿真|CC 粒子仿真世界"命令，然后在"特效控制台"面板中设置参数如图 10-119 所示，效果如图 10-120 所示。

图10-119 设置"CC粒子仿真世界"参数　　　　图10-120 设置"CC粒子仿真世界"参数后的效果

（3）此时下雨效果过于清晰，下面对其进行模糊处理。方法：选择 rain 层，执行菜单中的"效果|模糊与锐化|高斯模糊"命令，然后在"特效控制台"面板中将"模糊量"设为 0.5，如图 10-121 所示，效果如图 10-122 所示。

3．添加摄像机

（1）执行菜单中的"图层|新建|摄像机"命令，然后在弹出的"摄像机设置"对话框中

设置参数如图10-123所示，单击"确定"按钮，此时效果如图10-124效果。

（2）此时摄像机的角度不是十分理想，下面利用工具栏中的 ▣（轨道摄像机工具）适当调整一下角度，调整后的效果如图10-125所示。

图10-121　设置"高斯模糊"参数

图10-122　设置"高斯模糊"参数后的效果

图10-123　设置摄像机的参数

图10-124　添加摄像机后的效果

图10-125　调整摄像机角度后的效果

（3）至此，下雨效果制作完毕。下面按小键盘上的【0】键，预览动画，效果如图10-126所示。

（4）执行菜单中的"文件｜保存"命令，将文件进行保存。然后执行菜单中的"文件｜收集文件"命令，将文件进行打包。

图10-126　下雨效果

10.2.2　飞机爆炸

 要点

　　本例将制作类似影片"黑客帝国"中"时间凝固"的效果，整个动画过程为飞机由静止开始爆炸，然后在爆炸过程中停止一段时间，接着旋转，最后碎片落下的效果，如图10-127所示。通过学习本例，读者应掌握"碎片"特效、Shine（光芒）外挂特效和照明层的应用。

图10-127　飞机爆炸效果

 操作步骤

1. 制作"飞机"合成图像

（1）启动 After Effects CS6，执行菜单中的"图像合成｜新建合成组"命令，创建一个新的合成图像。然后执行菜单中的"文件｜导入｜文件"命令，导入配套光盘中的"素材及结果\10.2.2飞机爆炸效果\（Footage）\飞机.tga"图片。

（2）创建一个与"飞机.tga"图片等大的合成图像。方法为：选择"项目"窗口中的"飞机.tga"素材图片，将它拖动到 ▣（新建合成）按钮上，如图10-128所示，从而生成一个尺寸与素材相同的合成图像。然后将其命名为"飞机"，此时"项目"窗口如图10-129所示。

（3）为了更好的查看爆炸效果，下面增大合成图像尺寸。方法为：执行菜单中的"图像合成｜图像合成设置"命令，在弹出的对话框中设置如图10-130所示，单击"确定"按钮，完成设置。

图10-128　将素材拖动到■按钮上　图10-129　"项目"窗口　　图10-130　调整合成图像参数

2．制作飞机爆炸效果

（1）选择"项目"窗口中的"飞机"合成图像，将它拖动到■（新建合成）按钮上。然后将其命名为"飞机爆炸"，此时"项目"窗口如图10-131所示。

（2）在"时间线"窗口中选择"飞机"层，执行菜单中的"效果｜模拟仿真｜碎片"命令，添加"碎片"特效。为了使爆炸后碎片以实体显示，下面在"特效控制台"中设置"碎片"特效的"查看"类型为"渲染"，如图10-132所示，效果如图10-133所示。

图10-131　创建"飞机爆炸"合成图像

图10-132　选择"渲染"

图10-133　实体渲染效果

一定要在"飞机爆炸"合成图像中添加"碎片"特效,而不能在"飞机"合成图像中添加。这是因为"飞机"合成图像的尺寸已经加大,如果此时对"飞机"合成图像的"飞机"层添加"碎片"特效,会产生如图10-134所示的错误结果。为了避免这种错误,所以我们创建了"飞机爆炸"合成图像。

图10-134 在"飞机"合成图像上添加"碎片"特效的效果

(3)此时飞机碎片尺寸过大数量过少,形状十分规则,厚度过厚。下面就来解决这个问题。方法为:调整"破片"中的"外形"参数,如图10-135所示,结果如图10-136所示。

图10-135 调整"外形"参数

图10-136 调整"外形"参数后的效果

"图案"参数控制碎片类型;"反复"参数控制碎片数量;"挤压深度"参数控制碎片厚度。

(4)设置两个爆炸点的位置及爆炸方式。方法为:在"特效控制台"面板中设置"焦点1"和"焦点2"的参数如图10-137所示。

"焦点1"为正值,表示它是主爆炸点,爆炸是从内往外炸开;"焦点2"为负值,表示它是受"焦点1"影响挤压后炸开,爆炸是从外往里炸开。

(5)制作飞机开始静止然后爆炸的效果。方法:在"特效控制台"面板中录制"焦点1"和"焦点2"的"深度"的关键帧参数,结果如图10-138所示,从而制作出飞机从静止到爆炸的效果。

图10-137　设置两个爆炸点的位置及爆炸方式

图10-138　设置"焦点1"和"焦点2"的"深度"的关键帧参数

 提示

"深度"用于控制力的深度，即力在Z轴上的位置。

（6）制作飞机爆炸中"时间凝固"的效果。方法为：在"特效控制台"面板中设置"物理"中的"粘性"的关键帧参数，如图10-139所示，从而制作出飞机爆炸过程中静止的效果。

第2秒

第2秒01帧

图10-139　设置"物理"中的"粘性"的关键帧参数

提示

"粘性"参数控制碎片的粘度，取值范围为0~1。较高的值可使碎片聚集在一起。此外，为了便于观看，此时将"重力"设为"0.00"。

（7）制作飞机爆炸过程中静止后旋转一周的效果。方法为：在"特效控制台"面板中设置"摄像机位置"中的"Y 轴旋转"的关键帧参数，如图 10-140 所示，从而制作出飞机爆炸过程中"时间凝固"后的旋转效果。

第2秒10帧

第4秒10帧

图10-140　设置"摄像机位置"中的"Y 轴旋转"的关键帧参数

（8）此时飞机旋转过程中有些时候光线过暗，如图 10-141 所示。为此需要添加一个照明层。方法为：在"时间线"窗口右击，在弹出的快捷菜单中选择"新建｜照明"命令。然后在弹出的对话框中设置参数如图 10-142 所示，单击"确定"按钮。接着在"时间线"窗口中选择"飞机"层，在"特效控制台"面板中设置"照明"参数，如图 10-143 所示，效果如图 10-144 所示。

图10-141　场景过暗

图10-142　创建点光源

图10-143　设置"灯光类型"参数

图10-144　添加灯光效果

 提示 ————————

　　此时碎片在旋转过程中过暗的区域不止一处，因此可多设置几个照明的位置关键帧。

　　（9）制作爆炸碎片旋转后落下的效果。方法为：在"特效控制台"面板中设置"物理"中的"重力"的关键帧参数，如图 10-145 所示，从而制作飞机开始爆炸时由于爆炸力很强不受重力影响，爆炸最后随重力影响落下的效果。

第4秒15帧

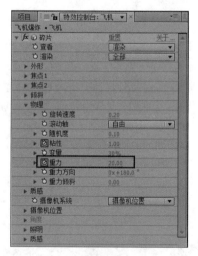

第4秒16帧

图10-145　设置"重力"的关键帧参数

3. 制作"爆炸火焰"合成图像

　　（1）选择"项目"窗口中的"飞机爆炸"合成图像，将它拖动到 ▥ （新建合成）按钮上。然后将其命名为"爆炸火焰"。

（2）选择"飞机爆炸"图层，在第20帧按快捷键【Ctrl+Shift+D】，将其分割成两层。然后将分割后的图层命名为"火焰"，如图10-146所示。

图10-146　将分割后的图层命名为"火焰"

　提示

　　由于第20帧以前飞机没有爆炸，也不存在爆炸火焰，因此要将它分割成两部分。

（3）制作碎片爆炸时的发光效果。方法为：选择"火焰"层，执行菜单中的"效果|Trapcode| Shine"命令，添加Shine（发光）特效。然后在"特效控制台"面板中设置参数，如图10-147所示，效果如图10-148所示。

图10-147　设置"Shine"参数

图10-148　设置"Shine"参数后的效果

（4）制作爆炸火焰由小变大的效果。方法为：按快捷键【Ctrl+D】复制"火焰"层，然后选择复制后的"火焰2"层，在"特效控制台"面板中设置"Ray Length（射线长度）"关键帧的参数，效果如图10-149所示。

第20帧

图10-149　设置"火焰2"层"Ray Length（射线长度）"关键帧的参数

第21帧

第1秒01帧

图10-149　设置"火焰2"层"Ray Length（射线长度）"关键帧的参数（续）

（5）为了突出爆炸火焰效果，下面复制"火焰2"层，从而产生"火焰3"层。然后调整图层顺序，如图 10-150 所示，从而使爆炸碎片突出显示，效果如图 10-151 所示。

图10-150　调整图层顺序

图10-151　调整图层顺序后的爆炸效果

（6）为了突出碎片的金属感。下面选择最上面的"火焰"层，执行菜单中的"效果 | 色彩校正 | 曲线"命令，添加"曲线"特效。然后在"特效控制台"面板中设置参数，如图10-152所示，效果如图10-153所示。

图10-152　设置"曲线" 参数　　　　　　　　图10-153　设置" 曲线"参数后的效果

（7）至此，整个动画制作完毕。下面按小键盘上的【0】键，预览动画，结果如图10-154所示。

（8）执行菜单中的"文件 | 保存"命令，将文件进行保存。然后执行菜单中的"文件 | 收集文件"命令，将文件进行打包。

静止

爆炸

"时间凝固"后开始旋转

碎片落下

图10-154　最终效果

10.2.3 出水的Logo

 要点

　　本例将利用After Effects CS6自身的特效，制作Logo从水中浮出的效果，如图10-155所示。通过学习本例，读者应掌握"水波世界""焦散""分形噪波""置换映射"特效和层模式的应用。

图10-155　浮出水面的Logo

 操作步骤

1．创建"水"合成图像

　　（1）启动 After Effects CS6，执行菜单中的"图像合成｜新建合成组"命令，在弹出的对话框中设置参数，如图 10-156 所示，单击"确定"按钮。

　　（2）创建固态层。方法为：执行菜单中的"图层｜新建｜固态层"命令，在弹出的"固态层设置"对话框中设置"名称"为"水波"，"颜色"为"黑色"，然后单击"制作为合成大小"按钮，如图 10-157 所示，再单击"确定"按钮，从而生成一个与合成图像等大的固态层。

图10-156　设置合成图像参数　　　　　　　　图10-157　设置固态层参数

　　（3）创建水波效果。方法为：选择"水波"层，执行菜单中的"效果｜噪波与颗粒｜分形噪波"命令，添加"分形噪波"特效。然后分别在第 0 帧和第 5 秒 29 帧为"演变"层设置两个关键帧，使水波运动起来，参数设置及效果如图 10-158 所示。

第0帧

第5秒29帧

图10-158　关键帧设置及效果

(4)将水波颜色调整为蓝色。方法为：执行菜单中的"图层|新建|固态层"命令，在弹出的"固态层设置"对话框中设置"名称"为"水波"，"颜色"为"蓝色"，然后单击"制作为合成大小"按钮，如图10-159所示，再单击"确定"按钮。然后将"颜色"层放置在"水波"层的上面，设置层混合模式为"屏幕"，设置如图10-160所示，效果如图10-161所示。

图10-159　设置固态层参数

图10-160　将层的混合模式设为"屏幕"　　　　　　图10-161　屏幕效果

2．创建"波纹置换"合成图像

（1）执行菜单中的"图像合成｜新建合成组"命令，在弹出的对话框中设置参数，如图10-162所示，单击"确定"按钮，从而创建一个新的合成图像。

（2）执行菜单中的"文件｜导入｜文件"命令，导入配套光盘中的"素材及结果\10.2.3出水的Logo \（Footage）\Logo.tga"图片（带有Alpha通道），如图10-163所示，将其拖入到合成项目中，形成素材层，命名为Logo。

图10-162　设置合成图像参数

图像

Alpha通道

图10-163　Logo.Tga图片（带有Alpha通道）

（3）创建固态层。方法为：执行菜单中的"图层｜新建｜固态层"命令，在弹出的"固态层设置"对话框中设置"名称"为"涌动"，其余参数设置为默认状态，然后单击"制作为合成大小"按钮，如图10-164所示，再单击"确定"按钮。接着在"时间线"窗口中，将"涌动"层放在Logo层的上面，如图10-165所示。

图10-164 设置固态层参数

图10-165 将"涌动"层放在Logo层的上面

（4）制作水波纹效果。方法为：选中"涌动"层，执行菜单中的"效果｜模拟仿真｜水波世界"命令，添加"水波世界"特效，参数设置如图10-166所示。

在"地面"栏中选择Logo层作为地形的映射图，此时"水波世界"效果将利用Logo图像的Alpha通道来映射地形形状，网格预览如图10-167所示。

图10-166 设置"水波世界"参数

图10-167 网格预览效果

将"栅格分辨率"设置为"120"，使网格更密一些，这样波纹会对Logo的形状更敏感一些。

将"边缘反射"设置为"下"，波纹会沿着Logo的边缘产生反射。

将"预滚（秒）"设置为"1"，可以使波纹在动画刚开始的时候就已经存在，避免波纹的突然出现。

将波形"制作1"和"制作2"的"类型"设置为"线性"，因为现实中水波纹一般不是规则的圆形，并对波纹的长度、宽度、振幅、频率等参数进行设置。

（5）将"查看"设置为"高度贴图"，使地形高度的变化已灰度的形式表现出来，然后设置"高度贴图控制"下的"渲染干燥区域为"为"固态"，如图10-168所示。

图10-168　设置高度贴图参数

（6）分别在"倾斜度"的第0秒和第5秒的位置设置两个关键帧，参数为"0.1"和"0.25"，这样可以在网格预览中看到地形的顶端在缓缓升起，从而模拟出Logo向上浮动的过程，效果如图10-169所示。

图10-169　预览效果

此时图形波纹逐渐显现出Logo的形状，这与真实的情况完全相同，下面将用它作为"焦散"效果的映射层。

3．创建"最终"合成图像

（1）执行菜单中的"图像合成｜新建合成组"命令，在弹出的对话框中设置参数，如图10-170所示，单击"确定"按钮，创建一个新的合成图像。

（2）将"波纹置换"和"水"项目及Logo图片拖入到该合成项目中，把Logo图片形成的素材层命名为Logo，再创建一个固态层，命名为"焦散"，并将层混合模式设置为"强光"，如图10-171所示。

图10-170 设置合成图像参数 图10-171 将层混合模式设为"强光"

提示

"Logo"层此时是放置在最底层的。

（3）选中"焦散"层，执行菜单中的"效果｜模拟仿真｜焦散"命令，添加"焦散"特效。然后将Logo层作为水下部分的映射，再分别在第0秒和第4秒处为"缩放"属性设置关键帧，如图10-172所示。再分别在第1秒和第3秒处为"表面透明度"设置关键帧，如图10-173所示，这样水面将由完全不透明到半透明，模拟水下的逐渐显现过程。此时时间线分布如图10-174所示。

第0秒

第4秒

图10-172 分别在第0秒和第4秒处为"缩放"属性设置关键帧

第1秒

第3秒

图10-173　分别在第1秒和第3秒处为"表面透明度"设置关键帧

图10-174　时间线分布

（4）按小键盘上的【0】键预览动画，可以看到Logo形状的波纹慢慢出现。现在还缺少Logo露出水面前，逐渐变得清晰的过程。下面就来制作这个效果，方法为：将Logo图片拖入"时间线"窗口，并放置在最上层，命名为"logo的出现"，如图10-175所示。然后分别在该层的第0秒、第5秒处设置"缩放"关键帧，并将第0秒Logo的缩放设为"80%"，第5秒Logo的缩放设为"95%"，从而模拟出Logo由小变大的上升过程。

提示

应该让最后的Logo尺寸略小于"焦散"层中Logo状波纹的尺寸，这样可以显现出Logo边缘处的波纹。

图10-175 时间线分布

分别在该层"透明度"属性的第2秒、第5秒处设置关键帧，并将第2秒Logo的不透明度设为"0%"、第5秒Logo的不透明度设为"100%"，使Logo逐渐显现出来，模拟出水的深度，此时时间线分布如图10-176所示。

图10-176 时间线分布

（5）按小键盘上的【0】键预览动画，Logo在水下的时候还缺乏由于水的折射而发生的扭曲变形。下面就来解决这个问题，方法为：选中"Logo的出现"层，执行菜单中的"效果｜扭曲｜置换映射"命令，添加"置换映射"特效，并将"映射图层"设置为"波纹置换"，如图10-177所示。然后分别在第4秒和第5秒的水平、垂直方向的置换量处设置关键帧，数值分别为"30"和"0"，从而模拟出Logo在露出水面后，不再扭曲变形的效果。此时时间线分布如图10-178所示。

（6）按小键盘上的【0】键预览动画，最终效果如图10-179所示。

图10-177 设置"映射图层"参数

图10-178 时间线分布

（7）执行菜单中的"文件 | 保存"命令，将文件进行保存。然后执行菜单中的"文件 | 收集文件"命令，将文件进行打包。

图10-179　最终效果

10.2.4　飞龙在天

 要点

　　本例将利用After Effects CS6自身的特效，制作月光下天空中的飞龙效果，如图10-180所示。通过学习本例，读者应掌握延长动画长度，"遮罩"功能，图层的"预合成"功能，运动路径的调节，"粒子运动""分形噪波""辉光"和"镜头光晕"特效的综合应用。

图10-180　飞龙在天的效果

 操作步骤

1．制作从右往左飞动的飞龙群效果

　　（1）启动 After Effects CS6，执行菜单中的"图像合成 | 新建合成组"命令，在弹出的对话框中设置参数，如图10-181所示，单击"确定"按钮。

　　（2）导入背景素材。方法：执行菜单中的"文件 | 导入 | 文件"命令，在弹出的对话框中选择配套光盘中的"素材及结果 \10.2.4飞龙在天 \（Footage）\dargon1\dargon0000.tga"图片，然后选中"Targa 序列"复选框，如图10-182所示，单击"打开"按钮。接着在弹出的对话框中单击"自动预测"按钮，如图10-183所示，单击"确定"按钮，将其导入到项目面板中，此时项目面板如图10-184所示。

　　（3）创建后面代替飞龙的粒子系统。方法：执行菜单中的"图层 | 新建 | 固态层"命令，然后在弹出的对话框中单击"制作为合成大小"按钮后再单击"确定"按钮，从而创建一个与"飞

龙在天"合成图像等大的固态层。接着执行菜单中的"效果|模拟仿真|粒子运动"命令，此时预览可以在画面中看到从小往上喷射的红色粒子效果，如图 10-185 所示。

图10-181　设置合成图像参数

图10-182　选中"Targa序列"复选框

图10-183　单击"自动预测"按钮

图10-184　项目面板

图10-185　从小往上喷射的红色粒子效果

（4）从项目面板中将dargon[0000-0060].tga拖入时间线窗口，放置到最底层，如图10-186所示。

图10-186　将dargon[0000-0060].tga拖入时间线

（5）此时预览动画，会发现飞龙扇动翅膀的时间很短，下面延长飞龙扇动翅膀的时间。方法：在项目面板中，右击dargon[0000-0060].tga，然后在弹出的快捷菜单中选择"解释素材|主要"命令，如图10-187所示，接着在弹出的"解释素材"对话框中设置"其他选项"选项组中的"循环"为5次，如图10-188所示。单击"确定"按钮。最后在时间线中将dargon[0000-0060].tga层的长度延长到与"黑色 固态层1"等长，如图10-189所示。

图10-187　选择"主要"命令

图10-188　设置"循环"为5次

图10-189 将dargon[0000-0060].tga层的长度延长到与"黑色 固态层1"等长

（6）将粒子替换为飞龙。方法：选择"黑色 固态层1"层，然后"特效控制台"面板中设置"图层映射"下的"使用图层"为"2.dargon[0000-0060].tga"，如图10-190所示，此时粒子就替换为了飞龙，效果如图10-191所示。

图10-190 将"使用图层"设置为"2.dargon[0000-0060].tga"

图10-191 粒子替换为飞龙的效果

（7）现在飞龙的数量过多，而且密度过大，下面就来解决这个问题。方法：在"特效控制台"中将"发射"下的"圆筒半径"增大到"245.0"，将"粒子／秒"减小为"2.00"，如图10-192所示，效果如图10-193所示。

图10-192 设置"圆筒半径"和"粒子/秒"参数

图10-193 设置"圆筒半径"和"粒子/秒"参数后的效果

（8）设置飞龙的初始位置。方法：在"特效控制台"中将"发射"下的"位置"设置为（740.0，270.0），如图10-194所示，使飞龙的初始位置位于画面的左侧，如图10-195所示。

图10-194　设置"位置"参数　　　　　　　　图10-195　设置"位置"参数后的效果

 提示

　　为了便于观看，此时可暂时隐藏dargon[0000－0060].tga层。

（9）设置飞龙从右往左飞的效果。方法：在"特效控制台"中将"发射"下的"方向"设置为"0x-90.0。"，如图10-196所示，此时预览，会发现飞龙是往右下方飞的，而不是往右飞，如图10-197所示。这是因为重力过大的原因。下面在"特效控制台"中将"重力"下的"力"减小为"25.00"，如图10-198所示，此时预览即可看到飞龙从右往左飞的效果，如图10-199所示。

图10-196　将"方向"设置为"0x-90.0。"　　　图10-197　将"方向"设置为"0x-90.0。"后的效果

图10-198　将"力"减小为"25.00"

图10-199　将"力"减小为"25.00"后的效果

（10）此时飞龙扇动翅膀是一致的，很不真实，下面就来解决这个问题。方法：将"图层映射"下的"时间偏移类型"设置为"相对随机"，"最大随机时间"设置为"3.00"，如图10-200所示，效果如图10-201所示。

图10-200　设置"时间偏移类型"和
"最大随机时间"

图10-201　设置"时间偏移类型"和
"最大随机时间"参数后的效果

（11）此时飞龙的比例过大，下面适当缩小飞龙的尺寸。方法：显现出 dargon[0000-0060].tga 层，然后按键盘上的【S】键，显示"缩放"属性。接着将"缩放"缩小为65%，如图10-202所示，效果如图10-203所示。

（12）此时只有一只飞龙的尺寸变小了，而其余飞龙没有受到影响，这是因为没有对缩放后的效果进行合并，使其成为常规状态，下面就来解决这个问题。方法：选择 dargon[0000-0060].tga 层下的"缩放"，然后执行菜单中的"图层|预合成"命令，在弹出的"预合成"对话框中设置参数，如图10-204所示，单击"确定"按钮，此时时间线分布如图10-205所示，效果如图10-206所示。

图10-202　将飞龙"缩放"缩小为65%

图10-203　将飞龙"缩放"缩小为65%后的效果

图10-204　设置"预合成"参数

图10-205　时间线分布

图10-206　飞龙群整体缩放后的效果

💿 **提示**

　　此时通过调节"粒子运动"特效下的"发射"中的"粒子半径"，是无法缩小飞龙群的尺寸的。这是因为使用了映射图层。此时飞龙群的尺寸是由映射图层（也就是dargon[0000—0060].tga层）的尺寸来决定的。

　　（13）下面隐藏 dargon[0000—0060].tga 层，然后按小键盘上的【0】键，预览动画，效果如图 10-207 所示。

图10-207 预览效果

2.制作夜空背景效果

（1）新建"背景"层。方法：执行菜单中的"图层|新建|固态层"命令，在弹出的对话框中设置"名称"为"背景"，单击"制作为合成大小"按钮，再单击"确定"按钮，从而新建一个与"飞龙在天"合成图像等大的固态层。

（2）将"背景"层置于时间线的底层，然后执行菜单中的"效果|噪波与颗粒|分形噪波"命令，在"特效控制台"面板中将"复杂性"设置为6.0，如图10-208所示，效果如图10-209所示。

图10-208 设置"分形噪波"参数

图10-209 设置"分形噪波"参数后的效果

（3）制作出月亮轮廓。方法：选择"背景"层，然后利用工具栏中的 （椭圆形遮罩工具），配合【Shift】键，绘制一个正圆形遮罩，如图10-210所示。接着按快捷键【M】，展开"遮罩1"属性，然后设置"遮罩羽化"值为10.0像素，如图10-211所示，效果如图10-212所示。

（4）制作出月亮的发光效果。方法：选择"背景"层，然后执行菜单中的"效果|风格化|辉光"命令，在"特效控制台"面板中设置参数如图10-213所示，效果如图10-214所示。

图10-210 绘制圆形遮罩

图10-211　设置"遮罩羽化"值为"10.0像素"

图10-212　"遮罩羽化"后的效果

图10-213　设置"辉光"参数

图10-214　设置"辉光"参数后的效果

3. 制作最终效果

此时预览会发现飞龙大小一致，而且是从一个点飞出的，很不真实。真实情况应该是飞龙大小有区别，而且飞出的位置有远有近。同时飞行速度为近处快、远处慢，透明度为近处清晰、远处半透明的效果。下面就来制作这些效果。

（1）制作近处的飞龙。方法：从项目面板中将dargon[0000-0060].tga拖入时间线窗口，然后按快捷键【S】键，显示其"缩放"属性，再将"缩放"调整为85%，如图10-215所示，效果如图10-216所示。

图10-215　将"缩放"调整为85%

图10-216　将"缩放"调整为85%后的效果

（2）调整近处飞龙的位置动画。方法：选择dargon[0000-0060].tga层，然后按快捷键【P】键，显示其"位置"属性。接着在第0帧设置"位置"为"790.0，300.0"，再在第4秒设置"位置"为"-100.0，280.0"。最后通过调节控制柄，改变其飞行路径的形状，效果如图10-217所示。此时时间线关键帧分布如图10-218所示。

图10-217　设置飞龙的飞行路径

图10-218　时间线分布

（3）为了便于区分，下面将dargon[0000-0060].tga层重命名为"近处飞龙"。

（4）制作远处的飞龙。方法：选择"近处飞龙"层，然后按快捷键【Ctrl+D】键，复制出一个副本，再将其重命名为"远处飞龙"。接着将其放置到"背景"层的上方。再按快捷键【S】键，显示其"缩放"属性，最后将"缩放"调整为45%，如图10-219所示。

图10-219　将"缩放"调整为45%

（5）调整远处飞龙的位置动画。方法：选择"远处飞龙"层，整体向上移动，然后通过调节控制柄，改变其飞行路径的形状，效果如图10-220所示。接着将第4秒的关键帧移动到第6秒，此时时间线关键帧分布如图10-221所示。

图10-220　改变其飞行路径的形状

图10-221　关键帧分布

提示

将"近处飞龙"的位置动画设置4秒，"远处飞龙"的位置动画设置为6秒，是为了制作出近处飞行速度快，远处飞行速度慢的效果。

（6）制作出飞龙透明度的变化。方法：同时选择"黑色 固态层 1"、"近处飞龙"和"远处飞龙"层，然后按快捷键【T】键，显示"透明度"属性。接着分别设置"黑色 固态层 1"层的透明度为65%，"近处飞龙"层的透明度为100%，"远处飞龙"层的透明度为55%，如图10-222所示，效果如图10-223所示。

图10-222　设置"透明度"参数

图10-223　调节"透明度"参数后的效果

（7）至此，飞龙在天效果制作完毕。下面按小键盘上的【0】键，预览动画，效果如图10-224所示。

图10-224 飞龙在天的效果

（8）执行菜单中的"文件|保存"命令，将文件进行保存。然后执行菜单中的"文件|收集文件"命令，将文件进行打包。

10.2.5 电视画面汇聚效果

要点

本例将制作栏目片头中常见的电视画面汇聚效果，如图10-225所示。通过学习本例，读者应掌握"分形噪波""曲线""色阶"和"卡片舞蹈"特效的综合应用。

图10-225 电视画面汇聚效果

操作步骤

1. 制作使画面层次感的"渐变"合成图像

（1）启动After Effects CS6，执行菜单中的"图像合成|新建合成组"命令，在弹出的对话框中设置参数，如图10-226所示，单击"确定"按钮。

（2）执行菜单中的"图层|新建|固态层"（快捷键【Ctrl+Y】）命令，在弹出的对话框中单击 制作为合成大小 按钮，如图10-227所示，单击"确定"按钮，从而创建一个与合成图像等大的固态层。

（3）制作噪波效果。方法为：在"时间线"窗口中选择fractal层，执行菜单中的"效果|噪波与颗粒|分形噪波"命令，然后在"特效控制台"面板中设置参数，如图10-228所示，效果如图10-229所示。

图10-226 设置合成图像参数

图10-227 设置固态层参数

图10-228 设置"分形噪波"参数

图10-229 "分形噪波"效果

（4）增强明暗对比度。方法为：在"时间线"窗口中选择 fractal 层，执行菜单中的"效果
｜色彩校正｜曲线"命令，然后在"特效控制台"面板中设置参数，如图 10-230 所示，效果如
图 10-231 所示。

图10-230 设置"曲线"参数

图10-231 "曲线"效果

（5）降低整体亮度。方法为：在"时间线"窗口中选择 fractal 层，执行菜单中的"效果 | 色彩校正 | 色阶"命令，然后在"特效控制台"面板中设置参数，如图 10-232 所示，效果如图 10-233 所示。

图10-232　设置"色阶"参数

图10-233　"色阶"效果

2．制作电视画面汇聚效果

（1）执行菜单中的"图像合成 | 新建合成组"命令，在弹出的对话框中设置参数，如图 10-311 所示，单击"确定"按钮。

（2）执行菜单中的"文件 | 导入 | 文件"命令，导入配套光盘中的"素材及结果 \ 10.2.5 电视画面汇聚效果 \（Footage）\ 背景 .jpg""电视画面汇聚 1.psd""电视画面汇聚 2.psd"文件到当前"项目"窗口中。然后将"渐变 .comp""电视画面汇聚 1.psd"和"电视画面汇聚 2.psd"拖入到"时间线"窗口中，接着隐藏"图层 1/ 电视画面汇聚 2.psd"和"渐变"层，此时"时间线"窗口如图 10-235 所示。

图10-234　设置合成图像参数

图10-235　时间线分布

（3）将图片原地旋转一定的角度。方法为：在"时间线"窗口中选择"图层0/电视画面汇聚1.psd"，执行菜单中的"效果|模拟仿真 | 卡片舞蹈"命令，然后在"特效控制台"面板中设置参数，如图10-236所示，结果如图10-237所示。

图10-236 设置"卡片舞蹈"参数

图10-237 "卡片舞蹈"效果

（4）设置图片相互交错飞入画面的动画效果。方法为：在"时间线"窗口中展开"卡片舞蹈"中的"Z轴位置"属性，将"素材源"设置为"强度1"，再分别在第0秒和第5秒12帧处插入关键帧，并设置参数如图10-238所示。

图10-238 设置"Z位置"关键帧参数

（5）设置图片尺寸变化的动画。方法为：展开"X轴比例"和"Y轴比例"属性，分别在第0秒和第5秒12帧处插入关键帧，并设置参数如图10-239所示。

图10-239　设置"X轴比例"和"Y轴比例"关键帧参数

（6）设置图片从倾斜到水平的动画效果。方法为：展开"摄像机位置"属性，分别在第0秒和第5秒12帧处插入关键帧，并设置参数如图10-240所示。

图10-240　设置"Z轴旋转"和"Z位置"关键帧参数

（7）将"图层0/电视画面汇聚效果1"层上的"卡片舞蹈"特效复制到"图层1/电视画面汇聚效果2"层上。方法为：重新显示"图层1/电视画面汇聚效果2"层，然后将时间线定位在第0帧，选择"图层0/电视画面汇聚效果1"层，按快捷键【E】，只显示"卡片舞蹈"特效，如图10-241所示。接着按快捷键【Ctrl+C】进行复制特效，

图10-241　选择"卡片舞蹈"选项

最后选择"图层 1/ 电视画面汇聚效果 2"层，按快捷键【Ctrl+V】进行粘贴。此时按【U】键显示所有的关键帧，可以看到"图层 0/ 电视画面汇聚效果 1"和"图层 1/ 电视画面汇聚效果 2"层上的关键帧的位置和参数是一致的，如图 10-242 所示。

图10-242　关键帧分布

 提示

复制"卡片舞蹈"特效前一定要确认是在第0帧的位置。

（8）制作"图层 0/ 电视画面汇聚效果 1.psd"和"图层 1/ 电视画面汇聚效果 2.psd"两个素材间的切换效果。方法为：显示出"图层 1/ 电视画面汇聚效果 2.psd"层，然后在"时间线"窗口中选中"图层 0/ 电视画面汇聚效果 1.psd"和"图层 1/ 电视画面汇聚效果 2.psd"层，按键盘上的【T】键，显示出"透明度"属性，然后分别在第 4 秒、第 5 秒和第 5 秒 12 帧插入关键帧，并设置相关参数如图 10-243 所示。

（9）按小键盘上的【0】键，即可看到两个素材之间的切换效果，如图 10-244 所示。

图10-243　设置"透明度"属性

图10-244　两个素材之间的切换效果

3．制作动态背景效果

（1）从"项目"窗口中将"背景.jpg"拖入"时间线"窗口并放置到最底层，如图10-245所示，效果如图10-246所示。

（2）为了使背景更具有视觉冲击力，下面添加动态背景。方法为：执行菜单中的"图层｜新建｜固态层"（快捷键【Ctrl+Y】）命令，在弹出的对话框中单击 制作为合成大小 按钮，如图10-247所示，单击"确定"按钮，从而创建一个与合成图像等大的固态层。然后将其放置到"背景"层的上方。

图10-245 将"背景.jpg"拖入"时间线"窗口并放置到最底层

图10-246 添加背景效果

图10-247 设置固态层参数

（3）为了便于观看动态背景，下面单击"图层0/电视画面汇聚效果1.psd"和"图层1/电视画面汇聚效果2.psd"层前的 图标，隐藏这两个层。然后选择工具栏中的 钢笔工具在新建的固态层上绘制图形，如图10-248所示。

 提示

> 此时一定要在新建的固态层上绘制图形。

（4）降低图形的不透明度。方法为：选择"白色 固态层 1"层，按键盘上的【T】键，显示"透明度"属性。接着将"透明度"设置为"10%"。

（5）设置绘制图形旋转动画。方法为：选择"白色 固态层 1"层，按键盘上的【R】键，显示"旋转"属性。然后分别在第7帧和第6秒24帧插入关键帧，并设置参数如图10-249所示。

图10-248　绘制图形

图10-249　设置"白色 固态层 1"层的旋转参数

（6）为了增加动态效果。下面选择"白色　固态层　1"层，按快捷键【Ctrl+D】，复制一个层，并将其命名为"固态层2"。然后按键盘上的【R】键，显示"旋转"属性，并设置参数如图10-250所示。

图10-250　设置"固态层2"层的旋转参数

（7）至此，整个动画制作完毕。下面重新显示"图层0/电视画面汇聚效果1.psd"和"图层1/电视画面汇聚效果2.psd"层，然后按【0】键，预览动画，效果如图10-251所示。

（8）执行菜单中的"文件|保存"命令，将文件进行保存。然后执行菜单中的"文件|收集文件"命令，将文件进行打包。

图10-251 电视画面汇聚效果

课 后 练 习

（1）利用图10-252所示的配套光盘中的"课后练习 | 第10章 课后练习 | 练习1|（footage）|坦克.tga"图片，制作图10-253所示的坦克效果。参数可参考配套光盘中的"课后练习 | 第10章 课后练习 | 练习1.aep"文件。

图10-252 坦克.tga

图10-253 坦克爆炸效果

（2）利用图10-254所示的配套光盘中的"课后练习 | 第10章 课后练习 | 练习2|（footage）|logo.tga"中的相关素材制作图10-255所示的出水的Logo效果。参数可参考配套光盘中的"课后练习 | 第10章 课后练习 | 练习2.aep"文件。

图10-254 Logo.tga

图10-255 出水的Logo效果

第11章

键控与跟踪

在 After Effects CS6 中利用键控和蒙版特效可以轻松地去除拍摄的背景颜色，从而制作出各种合成效果。利用跟踪面板可以将素材与目标像素进行匹配并一起进行移动、旋转等操作。通过学习本章，读者可掌握 After Effects CS6 键控和跟踪方面的相关知识和具体应用。

11.1　键控和蒙版特效

键控又叫抠像技术，在影视制作领域是被广泛采用的技术手段。当演员在绿色或蓝色构成的背景前表演，但这些背景在最终的影片中是见不到的，就是运用了键控技术，用其他背景画面替换了蓝色或绿色。键控并不仅限于蓝色或绿色，理论上只要是单一的、比较纯的颜色就可以进行键控。在实际工作中，背景颜色与演员的服装、皮肤、眼睛、道具等的颜色反差越大，在后期进行键控的效果越容易实现。而蒙版特效用于辅助键控特效进行抠像处理。

11.1.1　键控特效

键控特效组中包括"CC 简单金属丝移除""Keylight（1.2）""差异蒙版""亮度键""内部／外部键""色彩范围""提取（抽出）""线性色键""颜色差异键""颜色键"和"溢出抑制"11 种特效。

1."CC 简单金属丝移除"特效

"CC 简单金属丝移除"特效可以将拍摄特技时使用的钢丝擦去。当将"CC 简单金属丝移除"特效添加到一个图层中时，在"特效控制台"面板中会出现"CC 简单金属丝移除"特效的相关参数，如图 11-1 所示。

图11-1　"CC简单金属丝移除"特效的参数面板

其中主要参数的解释如下。

- 点 A：用于定义线段一个端点在 X 轴和 Y 轴的位置。也可以单击　（定位点）按钮，在合成窗口中进行定位。
- 点 B：用于定义线段另一个端点在 X 轴和 Y 轴的位置。也可以单击　（定位点）按钮，在合成窗口中进行定位。

- 移除风格：在该项的下拉列表中包括"衰减""帧偏移""置换"和"水平置换"4个选项。选中不同的选项，可以定义不同的移除方式。
- 厚度：用于定义擦除线段的宽度。
- 倾斜：用于定义擦除的强度，数值越大，去除越干净。
- 镜像混合：用于定义镜像混合的程度。

2. "Keylight（1.2）"特效

"Keylight（1.2）"特效是一个获得奥斯卡大奖的全新抠像插件。用于精确地控制残留在前景对象上的蓝屏或绿屏反光，并将其替换成新合成背景的环境光。Keylight是一个与众不同的蓝色或绿色屏幕调制器，它运算快，容易使用，而且在处理反射、半透明面积和毛发方面功能非常强。将"Keylight（1.2）"特效添加到一个图层中时，在"特效控制台"面板中会出现"Keylight（1.2）"特效的相关参数，如图11-2所示。

图11-2　"Keylight（1.2）"特效的参数面板

其中主要参数的解释如下。

- 视图：用于定义图像在合成窗口中显示的方式。在右侧下拉列表中有"源""源Alpha""已校正源""彩色校正边""屏幕蒙版""内侧遮罩""外侧遮罩""合成蒙版""状态""半成品结果"和"最终结果"11个选项可供选择。
- 屏幕颜色：单击右侧的颜色按钮，从弹出的"颜色"对话框中选择要抠除的不同颜色。也可以单击右侧的 ▣（吸管工具）后在屏幕中直接吸取要抠除的颜色。
- 屏幕增益：用于定义屏幕颜色的增益程度。
- 屏幕均衡：用于定义屏幕颜色的均衡程度。

3. "差异蒙版"特效

"差异蒙版"特效是通过对两张不同的图像进行比较，然后将两个图像中相同像素区域的部分抠除变成透明的区域。这种抠像的方法最适于抠掉运动物体的背景。当将"差异蒙版"特效添加到一个图层中时，在"特效控制台"面板中会出现"差异蒙版"特效的相关参数，如图11-3所示。

图11-3　"差异蒙版"特效的参数面板

其中主要参数的解释如下。

- 查看：用于定义图像在合成窗口中显示的方式。在右侧下拉列表中有"最终输出""只有来源"和"只有蒙版"3个选项可供选择。
- 差异层：用于定义作为抠像参考的合成层素材。
- 如果层大小不同：用于定义当图层的尺寸和当前图层的尺寸不同时，如果进行尺寸的变化。该右侧下拉列表中有"居中"和"拉伸进行适配"两个选项可供选择。
- 匹配宽容度：用于设置抠像间的两个图像可允许的最大差值，超过这个最大插值的部分将会被抠掉。

- 匹配柔化：用于设置抠像像素间的柔和程度。
- 差异前模糊：用于设置对插值抠像的内部区域边缘进行模糊处理的大小。

4."亮度键"特效

"亮度键"特效可以将明暗反差很大的图像背景处理为透明。当将"亮度键"特效添加到一个图层中时，在"特效控制台"面板中会出现"亮度键"特效的相关参数，如图11-4所示。

其中主要参数的解释如下。

图11-4 "亮度键"特效的参数面板

- 键类型：用于定义抠像的方式。其右侧的下拉列表中有"亮度抠出""暗部抠出""抠出相似区域"和"抠出非相似区域"4个选项可供选择。当选择"亮度抠出"时，将抠掉较亮的部分；当选择"暗部抠出"时，将抠掉较暗的部分；当选择"抠出相似区域"时，将抠掉相似的部分；当选择"抠出非相似区域"时，将抠掉不同的部分。
- 阈值：用于设置抠像程度的大小。
- 宽容度：用于设置抠像时容纳差异的范围。
- 边缘变薄：用于定义边缘的宽度。
- 边缘羽化：用于定义边缘的虚化程度。

5."内部／外部键"特效

"内部／外部键"特效可以通过指定一个手绘蒙版层来对图像进行抠像，使用该特效时，首先要在素材的蒙版通道上绘制一个蒙版，之后可以把该蒙版指定给特效的相应属性。该特效对于毛发及轮廓可以得到非常好的键控效果，甚至可以将演员的每一根发丝都清晰地表现出来。当将"内部／外部键"特效添加到一个图层中时，在"特效控制台"面板中会出现"内部／外部键"特效的相关参数，如图11-5所示。

其中主要参数的解释如下。

图11-5 "内部/外部键"特效的参数面板

- 前景（内侧）：在右侧下拉菜单中可以选择作为前景层的蒙版层，该层所包含的素材将作为合成中的前景层。
- 添加前景：当合成中有多个前景层时，可以在这里进行添加，作为和前景相同。
- 背景（外侧）：在右侧下拉菜单中可以选择作为背景层的蒙版层，该层所包含的素材将作为合成中的背景层。
- 添加背景：当合成中有多个背景层时，可以在这里进行添加。
- 单个遮罩高光：用于定义单个蒙版的高光强度。
- 清除前景：当指定一个路径层后，该层上的路径将变为前景层的一部分。此时可以用这个路径将其他背景层中需要作为前景的元素提取出来。

- 清除背景：当指定一个路径层后，该层上的路径将变为背景层的一部分。此时可以用这个路径将其他前景层中需要作为背景的元素提取出来。
- 边缘变薄：用于设置蒙版边缘的宽度。
- 边缘羽化：用于设置蒙版边缘的虚化程度。
- 边缘阈值：用于设置蒙版边缘的值，较大值可以向内缩小蒙版的区域。
- 反转提取：用于反转蒙版。
- 与原始图像混合：用于定义填充的颜色和原图的混合程度。

6."色彩范围"特效

"色彩范围"特效是通过指定的颜色范围产生透明，该特效应用的色彩范围包括 Lab、YUN 和 RGB。这种键控方式可以应用在包括多个颜色的背景、亮度不匀称的背景和包含相同颜色的阴影（如玻璃、烟雾等）中。当将"色彩范围"特效添加到一个图层中时，在"特效控制台"面板中会出现"色彩范围"特效的相关参数，如图 11-6 所示。

图11-6　"色彩范围"特效的参数面板

其中主要参数的解释如下。

- ：单击该按钮，然后在合成面板中要删除的颜色上单击，即可将相应的颜色区域隐藏。
- ：单击该按钮，然后在合成面板中要删除的颜色上单击，即可将相应的颜色添加到隐藏区域中。
- ：单击该按钮，然后在合成面板中要删除的颜色上单击，即可将相应的颜色区域重现显示出来。
- 模糊性：用于定义抠像中边缘的精细程度，数值越大边缘越平滑。
- 色彩空间：用于定义抠像时采用的颜色空间。其右侧下拉列表中有 Lab、YUV 和 RGB3 个选项可供选择。
- 最小（L、Y、R）：用于定义最小的 L、Y、R 的数值。
- 最大（L、Y、R）：用于定义最大的 L、Y、R 的数值。
- 最小（a、U、G）：用于定义最小的 a、U、G 的数值。
- 最大（a、U、G）：用于定义最大的 a、U、G 的数值。
- 最小（b、V、B）：用于定义最小的 b、V、B 的数值。
- 最大（b、V、B）：用于定义最大的 b、V、B 的数值。

7."提取（抽出）"特效

"提取（抽出）"特效是通过对图层素材中非常明亮的白色部分或很暗的黑色部分进行抠像来为素材添加透明区域。这种抠像方式最适合那些有很强对比度的图像。当将"提取（抽出）"特效添加到一个图层中时，在"特效控制台"面板中会出现"提取（抽出）"特效的相关参数，如图 11-7 所示。

其中主要参数的解释如下。

- 通道：用于定义要进行调整的通道，其右侧的下拉列表中有"亮度""红色""绿色""蓝色"和 Alpha5 个选项可供选择。
- 黑色部分：用于设置黑平衡的最大值。
- 白色部分：用于设置白平衡的最大值。
- 黑色柔化：用于设置黑平衡的柔和程度。
- 白色柔化：用于设置白平衡的柔和程度。
- 反转：选中该复选框后，将反转相应的效果。

8. "线性色键" 特效

"线性色键"特效可根据 RGB 彩色信息或色相及饱和度信息，与指定的键控色进行比较，产生透明区域。之所以叫作线性色键，是因为可以指定一个色彩范围作为键控色。该特效可应用于大多数对象，但不适合半透明对象。当将"线性色键"特效添加到一个图层中时，在"特效控制台"面板中会出现"线性色键"特效的相关参数，如图 11-8 所示。

图11-7　"提取（抽出）"特效的参数面板

图11-8　"线性色键"特效的参数面板

其中主要参数的解释如下。

- ：单击该按钮，然后在合成面板中要删除的颜色上单击，即可将相应的颜色区域隐藏。
- ：单击该按钮，然后在合成面板中要删除的颜色上单击，即可将相应的颜色添加到隐藏区域中。
- ：单击该按钮，然后在合成面板中要删除的颜色上单击，即可将相应的颜色区域重现显示出来。
- 查看：用于定义图像在合成窗口中的显示方式。在右侧的下拉列表中有"最终输出""仅素材源"和"仅蒙版"3 个选项可供选择。
- 键色：单击右侧的颜色按钮，从弹出的"键色"对话框中选择要抠除的颜色。也可以单击右侧的 （吸管工具）后在屏幕中直接吸取要抠除的颜色。
- 匹配色：用于定义不同的匹配颜色的方式。在右侧的下拉列表中有"使用 RGB""使用色调"和"使用色度"3 个选项可供选择。
- 匹配宽容度：用于定义进行颜色匹配时能容纳的差异程度。
- 匹配柔和度：用于定义匹配颜色边缘的柔和程度。

- 键操作：用于定义不同的键控方式。在右侧的下拉列表中有"键色"和"保持颜色"两个选项可供选择。

9. "颜色差异键"特效

"颜色差异键"特效是通过两个不同的颜色对图像进行键控，从而使一个图像具有两个透明区域，蒙版 A 使指定键控色之外的其他颜色区域透明，蒙版 B 使指定的键控颜色区域变为透明，将两个蒙版透明区域进行相加，就会得到第 3 个蒙版透明区域，这个新的透明区域就是最终的 Alpha 通道。当将"颜色差异键"特效添加到一个图层中时，在"特效控制台"面板中会出现"颜色差异键"特效的相关参数，如图 11-9 所示。

图11-9 "颜色差异键"特效的参数面板

其中主要参数的解释如下。

- 查看：用于定义图像在合成窗口中的显示模式。
- 键色：单击右侧的颜色按钮，从弹出的"颜色"对话框中选择要抠除的颜色。也可以单击右侧的 ▣▶（吸管工具）后在屏幕中直接吸取要抠除的颜色。
- 色彩匹配精度：用于定义颜色匹配精度。在右侧的下拉列表中有"更快"和"更精确"两个选项可供选择。当选择"更快"选项时，匹配的精度并不是很高，但是运算的速度较快；当选择"更精确"选项时，将更精确地进行颜色的匹配，但是运算的时间较长。
- 部分 A（黑输入）：用于定义 A 蒙版的非溢出黑平衡。
- 部分 A（白输入）：用于定义 A 蒙版的非溢出白平衡。
- 部分 A（Gamma）：用于定义 A 蒙版的 Gamma 校正值。
- 部分 A（黑输出）：用于定义 A 蒙版的溢出黑平衡。
- 部分 A（白输出）：用于定义 A 蒙版的溢出白平衡。
- 部分 B（黑输入）：用于定义 B 蒙版的非溢出黑平衡。
- 部分 B（白输入）：用于定义 B 蒙版的非溢出白平衡。
- 部分 B（Gamma）：用于定义 B 蒙版的 Gamma 校正值。
- 部分 B（黑输出）：用于定义 B 蒙版的溢出黑平衡。
- 部分 B（白输出）：用于定义 B 蒙版的溢出白平衡。
- 蒙版（黑输入）：用于定义合成蒙版的非溢出黑平衡。
- 蒙版（白输入）：用于定义合成蒙版的非溢出白平衡。
- 蒙版（Gamma）：用于定义合成蒙版的 Gamma 校正值。

图 11-10 为应用"颜色差异键"特效时的原图、蒙版 A、蒙版 B、Alpha 通道和键控结果。

原图　　　　　　蒙版A　　　　　　蒙版B　　　　　Alpha通道　　　　　键控

图11-10　利用"颜色差异键"特效抠像效果

10．"颜色键"特效

"颜色键"特效是通过设置或指定图像中某一像素的颜色来把图像中相应的颜色全部抠掉，从而形成透明像素。这是一种比较初级的键控特效，当影片背景比较复杂时，抠像效果不是很好。当将"颜色键"特效添加到一个图层中时，在"特效控制台"面板中会出现"颜色键"特效的相关参数，如图11-11所示。

图11-11　"颜色键"特效的参数面板

其中主要参数的解释如下。

● 键颜色：单击右侧的颜色按钮，从弹出的"键颜色"对话框中选择要抠除的颜色。也可以单击右侧的（吸管工具）后在屏幕中直接吸取要抠除的颜色。

● 色彩宽容度：用于定义能容纳的颜色差异。

● 边缘变薄：用于定义抠像边缘的宽度。

● 边缘羽化：用于定义抠像边缘的虚化程度。

11．"溢出抑制"特效

"溢出抑制"特效可以去除键控操作后图像残留的键控色的痕迹，消除图像边缘溢出的键控色。当将"溢出抑制"特效添加到一个图层中时，在"特效控制台"面板中会出现"溢出抑制"特效的相关参数，如图11-12所示。

图11-12　"溢出抑制"特效的参数面板

其中主要参数的解释如下。

● 色彩抑制：单击右侧的颜色按钮，从弹出的"色彩抑制"对话框中选择要抠除的颜色。也可以单击右侧的（吸管工具）后在屏幕中直接吸取要抠除的颜色。

● 抑制量：用于设置抑制的程度。

11.1.2　蒙版特效

蒙版特效组包括mocha shape、"改善蒙版"、"简单抑制"和"蒙版抑制"4种特效，用于辅助键控特效进行抠像处理。

1."蒙版抑制"特效

"蒙版抑制"特效是通过修改属性来收缩和扩展像素，弥补图像抠像后留下的错误。与"溢出抑制"特效不同的是，"蒙版抑制"特效能清除边缘或背景中大面积的残留像素，而"溢出抑制"特效主要针对边缘部分或内部残留的颜色。当将"蒙版抑制"特效添加到一个图层中时，在"特效控制台"面板中会出现"蒙版抑制"特效的相关参数，如图11-13所示。

图11-13　"蒙版抑制"特效的参数面板

其中主要参数的解释如下。

- 几何柔化1/2：用于设置蒙版是扩张或缩小尺寸，单位为像素。默认数值范围为0.0～10.0，最大数值为100.0。
- 抑制1/2：用于设置数值蒙版的变化趋势，负值为扩张，正值为收缩。
- 灰度电平柔化1/2：用于设置蒙版边缘的柔和程度，数值为100%时，蒙版边缘包括整个灰度范围。
- 反复次数：用于设置蒙版变化的次数。

2."简单抑制"特效

"简单抑制"特效是通过减小或扩大蒙版的边界，来建立比较清晰和整齐的蒙版。其功能与"蒙版抑制"特效相似，使用更加简单。当将"简单抑制"特效添加到一个图层中时，在"特效控制台"面板中会出现"简单抑制"特效的相关参数，如图11-14所示。

图11-14　"简单抑制"特效的参数面板

其中主要参数的解释如下。

- 查看：用于定义在合成窗口中查看图像的模式。在右侧的下拉列表中有"最终输出"和"蒙版"两个选项可供选择。
- 蒙版抑制：用于定义边缘的效果，负值为扩大边缘，正值为缩小边缘。默认的取值范围为-100～100。

11.2　运动跟踪和稳定

运动跟踪在专业影视后期制作软件中是一项不可缺少的功能，它是指对动态素材中的目标像素进行跟踪操作，将跟踪的结果数字化。运动跟踪主要应用在以下两个方面的制作上。一是用来匹配其他素材与当前的目标像素一致运动；二是用来消除素材自身的晃动，也就是稳定跟踪。

11.2.1 运动跟踪

利用运动跟踪功能可以对素材位置的移动、旋转、比例、透视变化等进行跟踪。

1.“跟踪”面板

After Effects CS6的运动跟踪是通过“跟踪”面板来实现的。执行菜单中的“窗口|跟踪”命令，可以调出“跟踪”面板，如图11-15所示。该面板的各项功能如下。

- 追踪摄像机：单击该按钮，将启用三维控制器追踪。
- 稳定器校正：单击该按钮，将启用稳定器进行校正。
- 追踪运动：单击该按钮，将显示运动跟踪操作的内容。
- 稳定运动：单击该按钮，将显示稳定跟踪操作的内容。
- 动态资源：用于选择要跟踪的源素材。
- 当前追踪：一个图层可以添加多个跟踪轨迹，在此处可以选择当前要跟踪的轨迹。

图11-15　“跟踪”面板

- 追踪类型：在After Effects中有多种跟踪方式，可以按照不同的图像情况选中不同的跟踪方式。在右侧下拉列表中有“稳定”“变换”“并行拐点”“透视拐点”和RAW5个选项可供选择。
- 位置：选中该复选框，将跟踪对象的位置。
- 旋转：选中该复选框，将跟踪对象的旋转角度。
- 缩放：选中该复选框，将跟踪对象的缩放尺寸。
- 设置目标：单击该按钮，将弹出图11-16所示的“目标”对话框，在该对话框中可选择运动的目标图层。
- 选项：单击该按钮，将弹出图11-17所示的“动态跟踪选项”对话框，在该对话框中可以对跟踪的方式进行更加详细的设置。

图11-16　“目标”对话框

图11-17　“动态跟踪选项”对话框

- 分析：包括◄❙（向后分析1帧）、◄（向后分析）、►（向前分析）和❙►（向前分析1帧）4个按钮。单击不同的按钮，可对当前的跟踪进行相应的分析，并创建相应的关键帧。

- 重置：单击该按钮，将对面板上的参数进行重新设置。
- 应用：单击该按钮，将完成最终的跟踪处理。

2．运动跟踪的步骤

（1）选择理想的跟踪特征区域

选择理想的跟踪特征区域对于是否能顺利进行跟踪至关重要，这需要在进行运动跟踪前，先分析视频素材中的移动像素，找出最好的跟踪目标。不适当的跟踪目标会导致 After Effects CS6 在自动推算目标运动时出现误差，甚至错误。只有恰当的跟踪目标才会使跟踪更加顺利。

（2）设置跟踪点偏移

跟踪点默认位于特征区域的中心，如图 11-18 所示。跟踪点用来产生跟踪计算之后的位置坐标数值，可以在跟踪计算之前将跟踪点调整到合适的位置，以便跟踪之后被其他素材利用，如图 11-19 所示。

图11-18　跟踪点默认位于特征区域的中心

图11-19　将跟踪点移动到合适位置

（3）调节跟踪区域大小

调节跟踪区域大小的原则是：①特征区域要完全包括跟踪目标的像素范围，而且特征区域要尽量小。②搜索区域的位置和大小取决于所跟踪目标的运动方向、偏移的大小和快慢。当跟踪目标像素运动速度较慢时，搜索区域只要略大于特征区域即可；当跟踪目标像素运动速度较快时，搜索区域应该具备在帧与帧之间能够包含目标最大的位置或者方向改变的范围。③还可以通过设置跟踪类型来判断采用何种方式来区分跟踪目标。

（4）进行计算分析

在"跟踪"面板中，单击分析按钮进行运动跟踪计算，这样会在计算的同时产生相应的跟踪关键帧。当然，在进行运动跟踪的计算分析时，往往因为各种原因出现错误，这就需要先返回到正确的跟踪帧处，重新调整搜索区域和特征区域，再重新进行计算分析。

（5）应用跟踪数据

在跟踪计算分析完毕后，单击"设置目标"按钮，然后在"运动目标"对话框中选择应用图层，再单击 应用 按钮，即可应用跟踪数据。

11.2.2　稳定跟踪

在观看一些新手拍摄的视频时，可能会出现画面不稳的情况，这样的视频虽然可以正常观看，但是不能称为一段好的视频。另外一些专业的摄像师，在进行快速移动拍摄的时候，同样也会出现画面不稳的情况，例如在野外车上追赶一个动物对象时拍摄的视频。如果遇到这种情况，可以使用 After Effects CS6 中的稳定跟踪功能，重新对视频进行稳定处理。但此时需将视频的尺寸进行缩小后进行相应的操作才能得到最终的视频。

"稳定跟踪"和"运动跟踪"操作相似，同样位于"跟踪"面板中，只要单击"稳定"按钮即可。其使用的原理与"运动跟踪"一样。"稳定跟踪"根据视频画面晃动的方式，对于位置变化、角度变化和大小变化可以进行单独的操作，可以进行多种类型的稳定操作，也可以进行综合操作。其操作流程与"运动跟踪"基本相同，不同之处在于，其主要应用在本层上，而不是其他图层。对晃动的视频素材进行稳定跟踪的步骤如下。

（1）在时间线窗口中双击要进行稳定跟踪的视频素材，进入图层视图，然后在"跟踪"面板中单击"稳定运动"按钮，如图 11-20 所示。

（2）选中"位置"和"旋转"复选框，然后在视图中将两个跟踪线框设置到有像素明显反差的位置，单击▶（向前分析）按钮进行计算。

（3）计算完毕后，单击 ▭应用▭ 按钮，然后在弹出的对话框中单击"确定"按钮，如图 11-21 所示，从而自动切换到合成视图，此时画面就相对稳定了，同时在时间线窗口中产生了相应的关键帧。

图11-20 单击"稳定运动"按钮

图11-21 单击"确定"按钮

11.3 实 例 讲 解

本节将通过 4 个实例来讲解键控与跟踪在实际工作中的具体应用，旨在帮助读者能够理论联系实际，快速掌握键控与跟踪的相关知识。

11.3.1 蓝屏抠像

要点

我国通常采用蓝屏作为背景拍摄后进行抠像。欧美由于很多人眼睛是蓝色的，如果采用蓝屏拍摄，抠像时容易将人眼抠除。为了避免这种情况，欧美多采用绿屏作为背景拍摄，再进行抠像，无论蓝屏还是绿屏抠像，抠像方法大致相同。本例将对蓝屏进行抠像，如图11-22所示。通过学习本例，读者应掌握"线性色键"和"溢出抑制"特效的应用。

| 人物.jpg | 背景.jpg | 结果图 |

图11-22　蓝屏抠像

操作步骤

（1）启动 After Effects CS6，执行菜单中的"文件｜导入｜文件"命令，导入配套光盘中的"素材及结果 \11.3.1 蓝屏抠像 \（Footage）\ 人物 .jpg"、"背景 .jpg"图片。

（2）创建一个与"人物 .jpg"文件等大的合成图像。方法为：将"项目"窗口中的"人物 .jpg"拖动到下方的 ▓（新建合成）图标上，从而创建一个与"人物 .jpg"文件等大的合成图像。

（3）对"人物 .jpg"进行初步抠像处理。方法为：在"时间线"窗口中选择"人物 .jpg"层，然后执行菜单中的"效果｜键控｜线性色键"命令，在"特效控制台"面板中设置参数，如图 11-23 所示，效果如图 11-24 所示。

图11-23　设置"线性色键"参数

图11-24　初步抠像效果

（4）此时图像大部分的蓝色已被去除，但人物边缘和图像右下方的局部还残留有少量的蓝色，下面通过"溢出控制"特效将其进行去除。方法为：在"时间线"窗口中选择"人物 .jpg"层，然后执行"效果｜键控｜溢出抑制"命令，接着在"特效控制台"面板中设置参数，如图 11-25 所示，结果如图 11-26 所示。

（5）为了便于观看效果，下面添加背景。方法为：将"项目"窗口中的"背景 .jpg"拖入"时间线"窗口，并放置到"人物 .jpg"层下方，如图 11-27 所示，效果如图 11-28 所示。

图11-25　设置"溢出抑制"参数　　　　　　　图11-26　完成抠像效果

图11-27　将"背景.jpg"层放到"人物.jpg"层下方　　　图11-28　最终合成效果

11.3.2　晨雾中的河滩效果

 要点

本例将利用After Effects CS6自身所带键控工具，制作晨雾中的河滩效果，如图11-29所示。通过学习本例，读者应掌握"颜色差异键""蒙版抑制"和"曲线"特效的应用。

图11-29　晨雾中的河滩

 操作步骤

（1）启动 After Effects CS6，执行菜单中的"文件｜导入｜文件"命令，导入配套光盘中的"素材及结果 \11.3.2　晨雾中的河滩效果 \ （Footage） \ 0230.jpg"图片。

（2）创建一个与"烟.avi"文件等大的合成图像。方法为：执行菜单中的"文件｜导入｜文件"

命令，导入配套光盘中的"素材及结果\11.3.2　晨雾中的河滩效果\（Footage）\烟.avi"文件，然后将它拖动到 ▣ （新建合成）图标上，从而创建一个与"烟.avi"文件等大的合成图像。

（3）将"项目"窗口中的"0230.jpg"图片拖入"时间线"窗口，并放置在"烟.avi"层的下方，然后将入点与"烟.avi"层对齐，如图11-30所示。

图11-30　时间线分布

（4）利用键控去除蓝色。方法为：选择"烟.avi"图层，然后执行菜单中的"效果|键控|颜色差异键"命令，在弹出的"特效控制台"面板中，设置参数如图11-31所示，效果如图11-32所示。

图11-31　设置"颜色差异键"参数

图11-32　设置"颜色差异键"参数后的效果

（5）为了使烟雾与背景更好地融合，下面选择"烟.avi"图层。执行菜单中的"效果|蒙版|蒙版抑制"命令，设置参数如图11-33所示，效果如图11-34所示。

（6）调整烟雾对比度。方法为：依然选择"烟.avi"层，然后执行菜单中的"效果|色彩校正|曲线"命令，接着设置参数如图11-35所示，效果如图11-36所示。

（7）按小键盘上的【0】键，预览动画，效果如图11-37所示。

（8）执行菜单中的"文件|保存"命令，将文件进行保存。然后执行菜单中的"文件|收集文件"命令，将文件进行打包。

图11-33 设置"蒙版抑制"参数

图11-34 设置"蒙版抑制"参数后的效果

图11-35 设置"曲线"参数

图11-36 设置"曲线"参数后的效果

图11-37 最终效果

11.3.3 随手一起移动的火焰效果

要点

本例将制作随手一起移动的火焰效果,如图11-38所示。通过学习本例,读者应掌握"动态跟踪"中"位置"跟踪的应用。

图11-38 随手一起移动的火焰效果

操作步骤

1. 制作位置跟踪前画面的初始状态

（1）导入素材。方法：启动 After Effects CS6，执行菜单中的"文件｜导入｜文件"命令，然后在弹出的对话框中选择配套光盘中的"素材及结果\11.3.3 随手一起移动的火焰效果\（Footage ）\火焰\FIRE0000.jpg"文件，选中"JPEG 序列"复选框，如图 11-39 所示，单击"打开"按钮，从而将 FIRE[0000-0100].jpg 序列图片导入到项目面板中。

（2）同理，将配套光盘中的"素材及结果\素材及结果\11.3.3 随手一起移动的火焰效果\（Footage）\背景\ENVIRONMENT [0000-0309].jpg"序列文件导入到项目面板中，此时项目面板如图 11-40 所示。

（3）创建一个与 ENVIRONMENT[0000-0309].jpg 文件等大的合成图像。方法：在"项目"窗口中，将 ENVIRONMENT[0000-0309].jpg 拖动到 （新

图11-39 选择"FIRE0000.jpg"文件，选中
"JPEG序列"复选框

建合成）图标上，从而创建一个与 ENVIRONMENT[0000-0309].jpg 文件等大的合成图像。然后将其重命名为" 随手一起移动的火焰效果"，此时项目面板如图 11-41 所示。

图11-40 项目面板

图11-41 重命名合成图像

（4）从项目面板中将 FIRE[0000-0100].jpg 序列图片拖入时间线，此时时间线显示

如图 11-42 所示。下面为了便于识别，将 FIRE[0000-0100].jpg 层重命名为"火焰"，将 ENVIRONMENT[0000-0309].jpg 层重命名为"背景"，如图 11-43 所示。

图11-42　时间线分布

图11-43　重命名图层

（5）此时"火焰"层的长度与"背景"层不匹配，下面延长"火焰"层的长度。方法：在项目面板中选择 FIRE[0000-0100].jpg，然后右击，在弹出的快捷菜单中选择"解释素材|主要"命令，接着在弹出的"解释素材"对话框中将"循环"设为 4 次，如图 11-44 所示，单击"确定"按钮。最后在时间线中拖动"火焰"层的出点，使之与"背景"层等长，如图 11-45 所示。

图11-44　将"循环"设为4次

图11-45　时间线分布

（6）去除火焰素材的背景。方法：此时画面中的火焰素材带有黑色背景，如图 11-46 所示。下面将"火焰"层的混合模式设置为"添加"，如图 11-47 所示，从而去除黑色背景，如图 11-48 所示。

（7）此时火焰的比例过大，下面选择"火焰"层，按快捷键【S】键，显示出"缩放"属性，然后将其调整为 50%，如图 11-49 所示，效果如图 11-50 所示。

图11-46　火焰素材带有黑色背景

图11-47 将"火焰"层的混合模式设置为"添加"

图11-48 将"火焰"层的混合模式设置为"添加"后的效果

图11-49 将"火焰"层的比例设置为50%

图11-50 将"火焰"层的比例设置为50%后的效果

（8）将时间线滑块移动到第 0 帧，然后将火焰移动到人手的光球位置。接着利用工具栏中的 ▦ （定位点工具）将"火焰"层的轴心点移动到光球的中心位置，如图 11-51 所示。

图11-51 将"火焰"层的轴心点移动到光球的中心位置

2．制作火焰随手一起移动的效果

（1）执行菜单中"窗口|跟踪"命令，调出"跟踪"面板，如图 11-52 所示。

（2）选择"背景"层，然后确认时间位于第 0 帧，再单击"追踪运动"按钮。接着选中"位置"复选框，如图 11-53 所示，在画面中显示出位置跟踪点，如图 11-54 所示。

图11-52 "跟踪"面板

图11-53 选中"位置"复选框

图11-54 在画面中显示出位置跟踪点

（3）将关键帧生成点移动到光球位置，然后放大图像，再按照光球的尺寸进行跟踪点的"特征区域"和"搜索区域"的调整，如图11-55所示。接着在"跟踪"面板中单击 ▶（向前分析）按钮进行分析，分析后在画面中会出现相应的关键帧，如图11-56所示，在时间线面板中也会出现相应的标记，如图11-57所示。

图11-55 调整位置跟踪的相应范围

图11-56 分析后的效果

图11-57 在时间线面板中出现相应的关键帧标记

 提示

此时一定要确认是在第0帧进行操作。

（4）单击"跟踪"面板中的 应用 按钮，然后在弹出的对话框中设置参数，如图11-58所示，单击"确定"按钮，应用跟踪。

（5）此时预览会发现，当手拿光球的人跳出画面后，火焰仍然停留在画面中，如图11-59所示，这是由于追踪特征点已经离开画面，系统无法继续进行追踪的缘故。为了解决这个问题必须进行

图11-58 将应用坐标设为"X轴和Y轴"

手动调节。方法：拖动时间线滑块，可以看到在第 8 秒 14 帧之后，火焰开始出现错误，下面在第 8 秒 14 帧，将"火焰"移出画面，如图 11-60 所示。然后选择"火焰"层，选中从第 8 秒 14 帧之后的所有帧（不包括第 8 秒 14 帧），如图 11-61 所示，按键盘上的【Delete】键进行删除，此时时间线如图 11-62 所示。

图11-59　火焰仍然停留在画面中

图11-60　在第8秒14帧将"火焰"移出画面

图11-61　选择从第8秒14帧之后的所有帧（不包括第8秒14帧）

图11-62　删除多余关键帧后的时间线分布

（6）至此，随手一起移动的火焰效果制作完毕。下面按小键盘上的【0】键，预览动画，效果如图 11-63 所示。

图11-63　随手一起移动的火焰效果

（7）执行菜单中的"文件 | 保存"命令，将文件进行保存。然后执行菜单中的"文件 | 收集文件"

命令，将文件进行打包。

11.3.4　局部马赛克效果

要点

　　本例将制作人物访谈中常见的人脸局部的马赛克效果,如图11−78所示。通过学习本例，读者应掌握"动态跟踪"与"马赛克"特效的综合应用。

图11−78　局部马赛克效果

操作步骤

　　（1）启动 After Effects CS6，执行菜单中的"文件 | 导入 | 文件"命令，导入配套光盘中的"素材及结果 \11.3.4局部马赛克效果 \（Footage ）\人物.avi"文件到当前"项目"窗口中。

　　（2）在"项目"窗口中，将"人物.avi"拖动到 ■（新建合成）图标上，从而创建一个与"人物.avi"文件等大的合成图像。

　　（3）创建马赛克尺寸。方法为：执行菜单中的"图层 | 新建 | 固态层"命令，然后在弹出的对话框中设置参数，如图11−79所示，单击"确定"按钮，效果如图11−80所示。

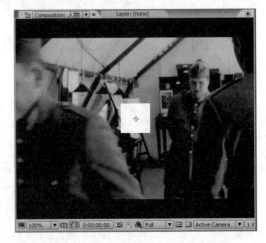

图11−79　设置固态层参数　　　　　　　　图11−80　创建白色固态层效果

　　（4）在"时间线"窗口中选择"人物.avi"层，如图11−81所示。然后执行菜单中的"动画 | 运动跟踪"命令，调出"跟踪"面板，接着设置参数，如图11−82所示。最后单击

选项... 按钮，在弹出的对话框中设置参数，如图 11-83 所示，单击"确定"按钮。

图11-81 选择"人物.avi"层

图11-82 设置"跟踪"参数

图11-83 设置"动态跟踪选项"参数

（5）此时视图中的运动追踪框如图 11-84 所示，下面按照如图 11-85 所示调整运动追踪框的位置。

图11-84 默认运动追踪框

图11-85 调整运动追踪框的位置

（6）单击"跟踪"面板中的 ▶ （向前分析）按钮，分析后的效果如图 11-86 所示。此时在"时间线"窗口中展开"动态跟踪"属性，会看到每个跟踪点都会产生一个关键帧，如图 11-87 所示。

图11-86　跟踪效果

图11-87　时间线分布

（7）单击"跟踪"面板中的 应用 按钮，然后在弹出的对话框中设置参数，如图11-88所示，单击"确定"按钮，应用跟踪。此时在"时间线"窗口中展开"白色 固态层 1"层中的"位置"属性，会看到每个跟踪点都会产生一个关键帧，如图11-89所示，效果如图11-90所示。

图11-88　设置参数

图11-89　应用跟踪后时间线分布

（8）利用蒙版只显示局部模糊区域。方法为：在"时间线"窗口中，选择"人物.avi"层，单击"T 轨道蒙版"下的 无 ▼ 按钮，如图11-91所示。然后在弹出的快捷菜单中选择"Alpha蒙版'白色 固态层 1'"命令，如图11-92所示，效果如图11-93所示。

图11-90　应用跟踪效果

图11-91　单击 无 ▼ 按钮

图11-92　选择"Alpha 蒙版'白色 固态层 1'"命令

图11-93　只显示局部模糊区域

（9）制作局部模糊效果。方法为：选择"人物.avi"层，然后执行菜单中的"效果｜风格化｜马赛克"命令，接着在"特效控制台"面板中设置参数，如图11-94所示，效果如图11-95所示。

图11-94 设置"马赛克"参数　　　　　　图11-95 "马赛克"效果

(10) 选择"项目"窗口中的"人物.avi"，将其再次拖入"时间线"窗口中，并放置在最底层，如图 11-96 所示。

(11) 按小键盘上的【0】键，预览动画，效果如图 11-97 所示。

(12) 执行菜单中的"文件｜保存"命令，将文件进行保存。然后执行菜单中的"文件｜收集文件"命令，将文件进行打包。

图11-96 将"人物.avi"放置在"时间线"窗口的最底层

图11-97 局部马赛克效果

课 后 练 习

(1) 利用配套光盘中的"课后练习｜第11章 课后练习｜练习 1｜（Footage）｜背景1.tga"和"蓝屏1.tga"图片，如图 11-100 所示，制作抠像效果，如图 11-101 所示。参数可参考配套光盘中的"课后练习｜第11章 课后练习｜练习1｜练习 1.aep"文件。

图11-100 素材

图11-101 结果图

（2）利用配套光盘中的"课后练习 | 第 11 章 课后练习 | 练习 2 |（Footage）| 跟踪 .avi"和"背景 .jpg"图片，如图 11-102 所示，制作抠像和跟踪效果，如图 11-103 所示。参数可参考配套光盘中的"课后练习 | 第 11 章 课后练习 | 练习 2 | 练习 2.aep"文件。

背景.jpg

跟踪.avi

图11-102 素材

图11-103 跟踪效果

第 *12* 章 综合实例

通过前面 11 章的学习，我们已经掌握了 After Effects CS6 的相关基础知识。本章将综合利用所学知识制作 2 个实用性很强的实例，旨在帮助读者拓宽思路。

12.1　逐个字母飞入动画

要点

　　本例将制作电视广告中经常见到的字母逐个飞入后然后进行扫光的效果，如图12-1所示。通过学习本例，读者应掌握After Effects CS6自带的"碎片""渐变""百叶窗""色彩平衡"特效，Shine（光芒）和Light Factory(光工厂)外挂特效的综合应用。

图12-1　逐个字母飞入动画

操作步骤

1. 制作字母逐个飞出效果

　　（1）执行菜单中的"图像合成 | 新建合成组"命令，在弹出的对话框中设置参数，如图12-2所示，单击"确定"按钮，从而新建一个合成图像。

图12-2 设置合成图像参数

(2) 执行菜单中的"文件 | 导入 | 文件"命令，导入配套光盘中的"素材及结果 \12.1 逐个文字飞入动画 \（Footage）\ 底图 .jpg"、"文字 .psd"和"文字 Alpha.psd"文件，在弹出的对话框中设置参数，如图 12-3 所示，单击"确定"按钮，此时"项目"窗口如图 12-4 所示。

图12-3 选择相应图层

(3) 从"项目"窗口中将"底图 .jpg""文字 .psd 和"文字 Alpha.psd"文件拖入"时间线"窗口。然后隐藏"文字 / 文字 .psd"以外的其他图层，如图 12-5 所示。

图12-4 项目窗口

图12-5 时间轴分布

（4）在"时间线"窗口中选择"文字／文字 .psd"层，执行菜单中的"效果｜模拟仿真｜碎片"命令，在"特效控制台"面板中设置参数，如图 12-6 所示。此时按小键盘上的【0】键，预览动画，效果如图 12-7 所示。

图12-6　设置"碎片"效果

图12-7　动画效果

（5）此时字母飞出效果是从中间开始的，而我们需要文字从右往左进行打碎，下面就来解决这个问题。方法为：将时间线滑块移动到第 0 帧，然后单击"焦点 1"的"位置"前的 按钮，打开动画录制，并设置"位置"为"720.0，288.0"，如图 12-8 所示。接着将时间线滑块移动到第 3 秒 24 帧的位置，将"位置"设置为"0.0，288.0"，如图 12-9 所示。最后按小键盘上的【0】键，预览动画，即可看到字母从右往左进行打碎的效果，如图 12-10 所示。

（6）制作字母从右往左旋转着飞出视图效果。方法为：将时间线滑块移动到第 0 帧，然后单击"摄影机位置"中"Y 轴旋转"前的 按钮，打开动画录制，并设置参数如图 12-11 所示。接着将时间线滑块移动到第 3 秒 24 帧的位置，设置"Y 轴旋转"参数如图 12-12 所示。最后按小键盘上的【0】键，预览动画，即可看到文字从右往左旋转着飞出视图的效果，如图12-13所示。

图12-8 在第0帧设置"位置"参数   图12-9 在第3秒24帧设置"位置"参数

图12-10 文字从右往左的打碎效果

图12-11 在第0帧设置"Y轴旋转"参数   图12-12 在第3秒24帧设置"Y轴旋转"参数

图12-13　字母从右往左旋转着飞出视图的效果

2．制作字母逐个飞入并变色的效果

（1）执行菜单中的"图像合成｜新建合成组"命令，在弹出的对话框中设置参数，如图12-14所示，单击"确定"按钮，从而新建一个合成图像。

（2）制作动画倒放效果（字母逐个飞入画面）。方法为：从"项目"窗口中将"打碎"合成图像拖入"时间线"窗口，然后执行菜单中的"图层｜时间｜启用时间重置"命令，显示出动画开始和结束两个关键帧，如图12-15所示。然后将第3秒24帧的关键帧移动到第2秒，并将参数设置为0：00：00：00，如图12-16所示。接着将第0帧的参数设为0：00：03：24，如图12-17所示。最后按小键盘上【0】键，预览动画，即可看到动画倒放效果（字母逐个飞入画面），如图12-18所示。

图12-14　设置合成图像参数

图12-15　时间线分布

图12-16　将第2秒的参数设置为0：00：00：00

图12-17　将第0帧的参数设置为0：00：03：24

图12-18　字母逐个飞入画面的效果

（3）调整文字颜色。方法：执行菜单中"效果 | 色彩校正 | 色彩平衡"命令，然后在"特效控制台"面板中设置参数，如图 12-19 所示，结果如图 12-20 所示。

图12-19　设置"色彩平衡"参数　　　　　　　图12-20　"色彩平衡"效果

（4）制作文字在第 2 秒之后的略微放大的效果。方法：在"时间线"窗口中选择"打碎"层，然后按键盘上的【S】键，显示出缩放参数。再将时间线滑块移动到第 2 秒，单击"缩放"前的 按钮，打开动画录制，如图 12-21 所示。接着将时间线滑块移动到第 3 秒 24 帧，将"缩放"设置为"106.0，106.0%"，如图 12-22 所示。最后按小键盘上的【0】键，预览动画，即可看到文字在第 2 秒之后略微的放大的效果。

图12-21　在第2秒设置"缩放"关键帧为"100%"

图12-22 在第3秒24帧设置"缩放"关键帧为"106%"

3．制作背景

（1）执行菜单中的"图像合成｜新建合成组"命令，在弹出的对话框中设置参数，如图12-23所示，单击"确定"按钮，从而新建一个合成图像。

（2）执行菜单中的"图层｜新建｜固态层"（快捷键【Ctrl+Y】）命令，在弹出的对话框中单击 制作为合成大小 按钮，如图12-24所示，单击"确定"按钮，从而创建一个与合成图像等大的固态层。

图12-23 设置合成图像参数

图12-24 设置固态层参数

（3）在"时间线"窗口中选择"黑色 固态层 1"层，然后执行菜单中的"效果｜生成｜渐变"命令，接着在"特效控制台"面板中调整颜色，如图12-25所示，效果如图12-26所示。

图12-25 设置"渐变"参数

图12-26 "渐变"效果

（4）制作百叶窗效果。方法为：在"时间线"窗口中选择"黑色 固态层 1"层，执行菜单中的"效果 | 过渡 | 百叶窗"命令，然后在"特效控制台"面板中调整参数，如图12-27所示，效果如图12-28所示。

图12-27 设置"百叶窗"参数 　　　　图12-28 "百叶窗"效果

（5）此时背景过于呆板，下面通过添加蒙版来制作背景的层次感。方法为：在"时间线"窗口中选择"黑色 固态层 1"层，然后按快捷键【Ctrl+D】，在"黑色 固态层 1"层下方复制一层，并在"特效控制台"面板中调整颜色，如图12-29所示。接着利用工具栏中的圆椭圆工具在最上方的"黑色 固态层 1"层上绘制圆形蒙版，如图12-30所示。

图12-29 设置"渐变"参数 　　　　图12-30 "渐变"效果

（6）在"时间线"窗口中选择最上方的"黑色 固态层 1"层，按快捷键【M】两次，展开Mask参数，然后设置参数如图12-31所示，效果如图12-32所示。

4. 制作最终效果

（1）执行菜单中的"图像合成 | 新建合成组"命令，在弹出的对话框中设置参数，如图12-33所示，单击"确定"按钮，从而新建一个合成图像。

（2）从"项目"窗口中将"背景"和"变色"合成图像拖入"最终"合成图像中，放置位置如图12-34所示，效果如图12-35所示。

图12-31　设置"遮罩羽化"参数

图12-32　"遮罩羽化"效果

图12-33　设置合成图像参数

图12-34　时间线分布

（3）制作光晕效果。方法为：执行菜单中的"图层｜新建｜固态层"（快捷键【Ctrl+Y】）命令，在弹出的对话框中单击 制作为合成大小 按钮，如图12-36所示，单击"确定"按钮，从而创建一个与合成图像等大的固态层。然后在"时间线"窗口中选择创建的固态层，执行菜单中的"效果｜Knoll Light Factory｜Light Factory（光工厂）"命令，效果如图12-37所示。

（4）为了便于同时观看文字和光晕效果，下面将"黑色 固态层 2"层的混合模式设为"添加"，如图12-38所示，从而透过光晕显示出其背景和文字，效果如图12-39所示。

图12-35　合成效果

图12-36 设置固态层参数

图12-37 Light Factory（光工厂）效果

图12-38 改变层混合模式

图12-39 改变层混合模式效果

（5）制作光晕动画效果。方法为：分别设置 Light Factory（光工厂）特效的Brightness（明亮度）的第1秒14帧、第2秒、第2秒14帧关键帧参数以及 Light Source Location（光源点位置）的第1秒14帧、第2秒14帧关键帧参数，如图 12-40 所示。此时预览动画效果如图 12-41 所示。

图12-40 分别设置Brightness(明亮度)和Light Source Location（光源点位置）属性关键帧

图12-41 预览动画效果

（6）此时光晕在动画开始和结束处没有消失，这是错误的，下面就来解决这个问题。方法为：在时间线中选择"黑色 固态层2"层，然后按快捷键【T】，显示出"透明度"属性，接着分别在第1秒14帧、第1秒17帧、第2秒14帧和第2秒17帧设置"透明度"关键帧参数如图12-42所示，预览后效果如图12-43所示。

图12-42　设置"透明度"关键帧参数

图12-43　预览动画效果

（7）给文字添加Shine（光芒）特效。方法为：选择"变色"层，然后按快捷键【Ctrl+D】，复制一层。再将原来的"变色"层命名为"光芒"，如图12-44所示。接着选择"光芒"层，执行菜单中的"效果 | Trapcode | Shine（光芒）"命令，在"特效控制台"面板中设置参数，如图12-45所示，效果如图12-46所示。

图12-44　时间线分布

图12-45　设置"Shine"参数

图12-46　Shine（光芒）效果

（8）制作扫光位置变化的动画。方法为：分别将时间线滑块定位在第 0 帧、第 1 秒 22 帧和第 2 秒，然后设置 Source Point 参数，如图 12-47 所示。接着按小键盘上的【0】键，预览动画，即可看到扫光效果，如图 12-48 所示。

图12-47　在不同帧设置"Source Point"参数

图12-48　扫光效果

（9）制作扫光结束前光芒区域加大的动画。方法为：选择"光芒"层，然后在"特效控制台"面板中选中"Use Mask（使用遮罩）"复选框，再将时间线滑块定位在第 1 秒 22 帧的位置，单击"Mask Radius（遮罩半径）"前的圆按钮，将数值设为"180.0"，如图 12-49 所示。接着将时间线滑块定位在第 2 秒 2 帧的位置，将数值设为"300.0"。此时按小键盘上的【0】键，预览动画，如图 12-50 所示。

图12-49　设置Mask Radius

图12-50　动画效果

（10）制作扫光不透明度的变化。方法为：选择"光芒"层，按快捷键【T】，显示出该层的"透明度"参数。然后分别在第2秒和第3秒6帧设置关键帧，并将第2秒的"透明度"设为"100%"，第3秒6帧的"透明度"设为"0%"，如图12-51所示。接着按小键盘上的【0】键，预览动画，即可看到扫光逐渐消失的效果，如图12-52所示。

图12-51　设置"透明度"参数

图12-52　扫光逐渐消失的效果

（11）制作背景不透明度的变化。方法为：选择"背景"层，按快捷键【T】，显示出该层的"透明度"参数。然后在第0帧设置"透明度"为"60%"、在第1秒设置"透明度"为"100%"、在第1秒7帧设置"透明度"为"100%"，在第3秒设置"透明度"为"0%"，如图12-59所示。

图12-59　设置背景"透明度"关键帧

（12）至此，整个动画制作完毕。下面按小键盘上的【0】键，预览动画，即可看到逐个字母飞入动画，如图12-60所示。

（13）执行菜单中的"文件｜保存"命令，将文件进行保存。然后执行菜单中的"文件｜收集文件"命令，将文件进行打包。

图12-60　逐个字母飞入动画

12.2　飞龙穿越水幕墙效果

要点

　　本例将制作飞龙穿越水幕墙的效果，如图12-61所示。通过学习本例，读者应掌握"水波世界""焦散""最大/最小""辉光""Shine""高斯模糊"特效，"预合成"命令和图层混合模式的应用。

图12-61　飞龙穿越水幕墙效果

操作步骤

1．制作飞龙近大远小的效果

　　（1）启动 After Effects CS6，执行菜单中的"图像合成 | 新建合成组"命令，在弹出的对

话框中设置参数，如图 12-62 所示，单击"确定"按钮。

（2）导入素材。方法：执行菜单中的"文件｜导入｜文件"命令，在弹出的"导入文件"对话框中选择配套光盘中的"素材及结果 \12.2 飞龙穿越水幕墙效果 \（Footage）|dragon2｜dragon20000.tga"图片，然后选中"Targa 序列"复选框，如图 12-63 所示，单击"打开"按钮。接着在弹出的"解释素材"对话框中单击"自动预测"按钮，如图 12-64 所示，单击"确定"按钮，将其导入项目面板中。同理，导入配套光盘中的"素材及结果 \12.2 飞龙穿越水幕墙效果 \（Footage）\ 背景 .jpg"图片。此时"项目"面板如图 12-65 所示。

图12-62　设置合成图像参数

图12-63　选中"Targa序列"复选框

图12-64　单击"自动预测"按钮

图12-65　"项目"面板

（3）从项目窗口中将 dragon [20000-20060].tga 和"背景 .jpg"拖入时间线窗口，然后将"背景 .jpg"放到最下面。

（4）此时飞龙素材的长度只有 2 秒 10 帧，如图 12-66 所示，下面延长飞龙素材的长度。方法：在项目窗口中右击 dragon [20000-20060].tga 素材，然后从弹出的快捷菜单中选择"解释素材｜主要"命令，如图 12-67 所示。接着在弹出的"解释素材"对话框中将"循环"设为 4 次，如图 12-68 所示，单击"确定"按钮。最后在时间线窗口中延长 dragon [20000-20060].tga 层的长度，如图 12-69 所示。

图12-66 飞龙素材的长度只有2秒10帧

图12-67 选择"解释素材丨主要"命令　　　　图12-68 将"循环"设为4次

图12-69 延长dragon [20000-20060].tga层的长度

（5）调整"背景.jpg"的大小。方法：在时间线窗口中选择"背景.jpg"层，然后按快捷键【S】，显示"缩放"属性。接着将"缩放"设置为80%，如图12-70所示，效果如图12-71所示。

（6）调整飞龙从远处飞近的效果。方法：在时间线窗口中选择dragon [20000-20060].tga，然后单击■按钮，将其转换为三维图层。接着按快捷键【P】，显示"位置"属性。再在第0帧记录z位置的关键帧参数为2000，如图12-72所示，效果如图12-73所示。最后在第4秒记录z位置的关键帧参数为500，如图12-74所示，效果如图12-75所示。此时关键帧分布如图12-76所示。

图12-70 将"背景.jpg"层的"缩放"设置为80%

图12-71 调整"背景.jpg"层"缩放"后的效果

图12-72 在第0帧记录z位置的关键帧参数为2000

图12-73 第0帧的画面效果

图12-74 在第4秒记录z位置的关键帧参数为500

图12-75 第4秒的画面效果

图12-76 关键帧分布

2．制作飞龙穿透水幕墙时的水幕墙的涟漪效果

（1）新建一个与"飞龙穿越水幕墙"合成图像等大的"灰色 固态层1"，然后选择"灰色 固态层1"，执行菜单中的"效果｜模拟仿真｜水波世界"命令，效果如图12-77所示。

（2）为了便于观看效果，下面在"特效控制台"面板中将"灰色 固态层1"的"查看"设置为"高光贴图"，如图12-78所示，效果如图12-79所示。此时预览，可以看到波纹的动画效果。

图12-77 "水波世界"效果

图12-79 将"查看"设置为"高度贴图"后的效果

图12-78 将"查看"设置为"高度贴图"

（3）根据对飞龙穿透水幕墙产生波纹的理解，波纹开始区域应该和飞龙大小相似，而此时波纹有些大，下面在"特效控制台"面板中调节"水波世界"特效中"制作1"的"高度／长度"和"宽度"值，如图12-80所示，效果如图12-81所示。

（4）飞龙在穿透水幕墙前，水幕墙是没有水波涟漪效果的，而此时的水波涟漪效果是始终存在的。下面调节参数，使水波涟漪在飞龙第24帧以后开始穿透水幕墙时产生。方法：分别在第24帧、第1秒12帧、第2秒和第2秒14帧设置"制作1"中的"振幅"关键帧参数，如图12-82所示，预览效果如图12-83所示。

图12-80　设置"制作1"参数

图12-81　设置"制作1"参数后的效果

图12-82　分别在第24帧、第1秒12帧、第2秒和第2秒14帧设置"制作1"中的"振幅"关键帧参数

图12-83　预览效果

（5）此时预览，可以发现水波涟漪效果过于规则。下面通过设置"位置"参数进行调节。方法：分别在第 24 帧、第 1 秒 10 帧和第 2 秒设置"位置"的关键帧参数，如图 12-84 所示，预览效果如图 12-85 所示。

图12-84　分别在第1秒4帧、第1秒12帧和第2秒录制"位置"的关键帧参数

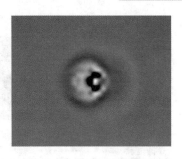

图12-85 预览效果

（6）为了使涟漪效果更加真实，下面进一步设置"水波世界"中"制作2"中的相关参数。方法：展开"制作2"，然后调整"高度／长度"和"宽度"值，如图12-86所示。接着分别在第24帧、第1秒10帧、第2秒和第2秒12帧设置"制作2"中的"振幅"关键帧参数，再分别在第1秒4帧、第1秒10帧和第2秒设置"位置"的关键帧参数，如图12-87所示，预览效果如图12-88所示。

（7）水波涟漪的区域只局限于天空，下面利用遮罩约束水波涟漪的区域。方法：新建一个与"飞龙穿越水幕墙"合成图像等大的"灰色 固态层2"，然后为了方便绘制隐藏除"背景"层以外的其余图层，接着利用工具栏中的 (钢笔工具)，根据背景图像中的天空位置在"灰

图12-146 调整"制作2"中的"高度／长度"和"宽度"值

色 固态层2"上进行绘制，如图12-89所示。最后选择"灰色 固态层2"，将"遮罩1"的遮罩模式设置为"减"，如图12-90所示，再显示出"灰色 固态层2"和"灰色 固态层1"层，效果如图12-91所示。

图12-87 在不同帧设置"制作2"中的"振幅"和"位置"参数

图12-88 预览效果

图12-89 在"灰色 固态层2"上绘制出天空的区域

图12-90 将"遮罩1"的遮罩模式设置为"减"

图12-91 显示出"灰色 固态层2"和"灰色 固态层1"层的效果

提示

　　我们通过在新建"灰色 固态层2"层上绘制遮罩，而不是直接在"灰色 固态层1"层上绘制遮罩来限制天空区域。这是因为遮罩只对图层起作用，而不对效果起作用。我们在"灰色 固态层1"上添加了"水波世界"效果，因此在该层上绘制遮罩是无法约束水波涟漪效果的区域的。此时要限制水波涟漪效果的区域有两种方法。一是新建固态层，然后在新建固态层上绘制遮罩（也就是本例采用的方法）；二是将当前添加了"水波世界"效果的图层通过"预合成"命令进行嵌套，然后再在嵌套后的图层上绘制要限制的区域。

　　（8）此时可以看到利用 ◊ （钢笔工具）绘制出的遮罩边缘与"灰色 固态层1"上的水波涟漪的接缝不够圆滑，下面通过调整"遮罩羽化"值来解决这个问题。方法：选择"灰色 固态层2"，然后按快捷键【M】两次，展开遮罩属性，接着将"遮罩羽化"的数值设置为"125"像素，如图12-92所示，效果如图12-93所示。

图12-92　将"遮罩羽化"值设置为125像素

图12-93　将"遮罩羽化"值设置为125像素后的效果

（9）天空是有透视的，因此飞龙穿越水幕墙时的水波涟漪效果也应该是有透视的，下面通过三维图层和摄像机来制作这个效果。方法：选择"灰色 固态层1"，然后单击 按钮，将其转换为三维图层。接着执行菜单中的"图层|新建|摄像机"命令，在弹出的"摄像机设置"对话框中设置参数如图12-94所示，单击"确定"按钮，从而新建"摄像机 1"层，此时时间线分布如图12-95所示。最后利用工具栏中的 （旋转工具）沿X轴旋转"灰色 固态层1"，使之与天空透视相同，如图12-96所示。

图12-94　设置摄像机参数

图12-95　时间线分布

图12-96　旋转"灰色 固态层1"使之与天空透视角度相同

提示

如果此时通过水波涟漪可以看到背景图像，则可对遮罩上的节点进行调节，使之完全遮挡住背景图像。

（10）将相关的水波涟漪的图层进行嵌套。方法：选择"摄像机 1""灰色 固态层 1"和"灰色 固态层 2"层，然后执行菜单中的"图层|预合成"命令，在弹出的设置"新建合成名称"为water，如图12-97所示，单击"确定"按钮，此时时间线分布如图12-98所示。

图12-97 设置"新建合成名称"为water

图12-98 时间线分布

（11）利用water层的水波涟漪效果来影响天空。方法：隐藏嵌套后的water层，然后选择"背景"层，执行菜单中的"效果|模拟仿真|焦散"命令，然后在"特效控制台"面板中将"焦散"中"水面"设置为"1.water"，再将"表面透明度"设置为"0"，如图12-99所示，效果如图12-100所示。

图12-99 设置"焦散"参数

图12-100 设置"焦散"参数后的效果

3．制作飞龙穿越水幕墙的效果

（1）利用"最大/最小"特效来控制隐藏显示飞龙。方法：选择dragon [20000-20060].tga层，然后执行菜单中的"效果|通道|最大/最小"命令，在"特效控制台"面板中设置"操作"为"最小"，"通道"为Alpha，再在第24帧设置"半径"的关键帧参数为"25"，如图12-101所示，从而完全隐藏飞龙，效果如图12-102所示。接着在第1秒23帧设置"半径"的关键帧参数为"0"，从而完全显示出飞龙，效果如图12-103所示，此时时间线的关键帧分布如

图12-101 设置"最大/最小"特效的参数

图 12-104 所示。最后预览动画，即可看到飞龙从无到有逐渐显现的效果，如图 12-105 所示。

图12-102　第24帧的画面效果

图12-103　第1秒23帧的画面效果

图12-104　关键帧分布

图12-105　预览效果

（2）为了便于管理，下面对 dragon [20000-20060].tga 层进行嵌套。方法：选择 dragon [20000-20060].tga 层，执行菜单中的"图层|预合成"命令，然后在弹出的对话框中保持默认参数如图 12-106 所示，单击"确定"按钮，此时时间线分布如图 12-107 所示。

图12-106　保持默认参数

图12-107　时间线分布

（3）制作飞龙穿越水幕时产生的辉光效果。方法：选择嵌套后的"dragon [20000-20060].tga 合成 1"层，然后执行菜单中的"效果|风格化|辉光"命令，在"特效控制台"面板中设置参数，如图 12-108 所示。接着根据飞龙穿越水幕前后辉光从小到大再到小的特点，分别在第 1 秒 19 帧、

第2秒3帧和第2秒22帧设置"辉光半径"和"辉光强度"的关键帧参数，如图12-109所示，此时预览效果如图12-110所示。

图12-108　设置"辉光"参数

（4）为了增强视觉的冲击力，下面再给飞龙添加一个扫光效果。方法：选择嵌套后的"dragon [20000-20060].tga 合成1"层，然后执行菜单中的"效果|Trapcode|Shine"命令，此时默认扫光颜色为黄色，如图12-111所示，而我们需要飞龙按照自身的颜色进行扫光。下面在"特效控制台"面板中将Colorize设为None，如图12-112所示，从而使扫光按照飞龙自身的色彩进行扫光。接着分别在第2秒03帧、第2秒18帧和第4秒01帧设置Ray Length和Boost Light的关键帧参数，如图12-113所示，此时预览效果如图12-114所示。

图12-109　在不同帧设置"辉光半径"和"辉光强度"的关键帧参数

图12-110　辉光预览效果

图12-111　默认扫光效果

图12-112　将Colorize设为None

图12-113　Shine特效的关键帧分布

图12-114　扫光预览效果

（5）此时飞龙在穿越水幕墙时自身被光芒完全覆盖了，而我们需要飞龙在穿越水幕墙时自身是可见的，光芒只在飞龙边缘出现，下面通过复制"dragon [20000-20060].tga 合成 1"层来解决这个问题。方法：选择"dragon [20000-20060].tga 合成 1"层，按快捷键【Ctrl+D】，复制出"dragon [20000-20060].tga 合成 2"层，然后在"特效控制台"面板中取消"dragon [20000-20060].tga 合成 2"层 Shine 特效的显示，如图 12-115 所示。接着将"dragon [20000-20060].tga 合成 1"层的混合模式设为"添加"，如图 12-116 所示，效果如图 12-117 所示。

图12-115　取消"dragon [20000-20060].tga 合成2"层Shine特效的显示

图12-116　将"dragon [20000-20060].tga 合成1"层的混合模式设为"添加"

图12-117　预览效果

4．制作飞龙穿越水幕前的半透明效果

（1）此时预览会发现飞龙在穿越水幕墙前是不可见的，而实际情况应该是飞龙在穿越水幕墙前是可见的，只是虚化而已。下面就来制作这个效果。

（2）在"项目"面板中双击"dragon [20000-20060].tga Comp 1"合成图像进入编辑状态，然后在时间线中选择"dragon [20000-20060].tga"层，如图 12-118 所示，按快捷键【Ctrl+C】进

行复制。接着回到"飞龙穿越水幕墙"合成图像中按快捷键【Ctrl+V】进行粘贴，如图12-119所示。

图12-118　选择dragon [20000-20060].tga

图12-119　dragon [20000-20060].tga层粘贴到

"飞龙穿越水幕墙"合成图像中

（3）选择粘贴后的 dragon [20000-20060].tga 层，然后在"特效控制台"面板中删除"最大／最小"特效。此时第 0 帧的效果如图 12-120 所示。

（4）制作飞龙穿越水幕前的虚化效果。方法：选择 dragon [20000-20060].tga 层，然后将其转换为三维图层，并将层的混合模式设为"柔光"，如图 12-121 所示，效果如图 12-122 所示。接着选择 dragon [20000-20060].tga 层，执行菜单中的"效果 | 模糊与锐化 | 高斯模糊"命令，再在"特效控制台"面板中设置参数如图 12-123 所示，效果如图 12-124 所示。

图12-120　第0帧的效果

图12-121　将层的混合模式设为"柔光"

图12-122　将层的混合模式设为"柔光"后的效果

图12-123　设置"高斯模糊"参数

图12-124　设置"高斯模糊"参数后的效果

（5）至此，飞龙穿越水幕墙的效果制作完毕。下面按小键盘上的【0】键，预览动画，效果如图 12-125 所示。

（6）执行菜单中的"文件 | 保存"命令，将文件进行保存。然后执行菜单中的"文件 | 收集文件"命令，将文件进行打包。

图12-125 飞龙穿越水幕墙效果

课 后 练 习

（1）利用配套光盘中的"课后练习 | 第12章 课后练习 | 练习1 |（Footage）| 背景.jpg"图片，制作光芒变化的文字效果，如图12-126所示。参数可参考配套光盘中的"课后练习 | 第12章 课后练习 | 练习1 | 练习1.aep"文件。

图12-126 光芒变化的文字效果

（2）利用配套光盘中的"课后练习 | 第12章 课后练习 | 练习2 |（Footage）"中的相关素材，制作广告动画效果，如图12-127所示。参数可参考配套光盘中的"课后练习 | 第12章 课后练习 | 练习2 | 练习2.aep"文件。

图12-127 课后练习（2）效果